山东科技大学学术著作出版基金资助

厚煤层开采煤炭资源回收率合理性评价与应用

李堂军　孙承爱　刘金辉　著

山东大学出版社

图书在版编目(CIP)数据

厚煤层开采煤炭资源回收率合理性评价与应用/李堂军，孙承爱，刘金辉著.—济南：山东大学出版社，2015.12

ISBN 978-7-5607-5439-0

Ⅰ.①厚… Ⅱ.①李… ②孙… ③刘… Ⅲ.①厚煤层—煤矿开采—资源回收—研究 Ⅳ.①TD823.25

中国版本图书馆 CIP 数据核字(2015)第 306636 号

责任编辑：姜 山
封面设计：张 荔

出版发行：山东大学出版社
社 址 山东省济南市山大南路 20 号
邮 编 250100
电 话 市场部(0531)88364466

经 销：山东省新华书店
印 刷：济南铁路印刷厂
规 格：850 毫米×1168 毫米 1/32
6.375 印张 156 千字
版 次：2015 年 12 月第 1 版
印 次：2015 年 12 月第 1 次印刷
定 价：21.00 元

前言

自世界环境发展大会之后，走可持续发展之路在世界范围内的100多个国家达成了共识，各国都制定了相应的可持续发展计划，我国政府也制定了《中国21世纪议程》，庄严承诺走可持续发展之路，是我国经济、社会发展的必然选择与唯一道路。可持续发展是指“既满足当代人的需要，又不损害后代人满足其需求的发展”。可持续发展战略是在这一概念的前提下，进行了其内涵的研究，指出了可持续发展的几个关键原则，即公平性原则、可持续性原则、共同性原则和需求性原则，形成了较为完整的理论体系。可持续发展战略的提出，在原则上与理论上是较为完备的，也是容易理解的，但在实践过程中却遇到许多急需解决的问题。如公平性原则强调当代人的公平与代际公平，对于自然资源来说，由于其分布的不均匀性，如何做到世界范围内的当代人的公平？更是极难实现代际公平。因此，在大的原则下，各国实现可持续发展的途径各不相同。

我国是以煤为主要能源的国家，煤炭占一次能源的比例一直在60%以上，这一结构在未来一段时间内很难改变。煤炭由于其生产、运输、加工、利用的特殊性，对环境的破坏与污染是巨大的，是我国实现可持续发展的关键环节之一。我国学者、专家对煤炭矿区实现可持续发展战略进行了较为系统的研究，提出了一些发展模式，对我国煤矿区实现可持续发展战略起了指导作用，丰富与完善了可持续理论体系。研究认为，在煤矿区或煤炭企业实现可持续发展，必然在发展经济的前提下，逐渐改善环境，形成煤炭生产、经济发展与环境协调发展的模式。即发展是第一位，环境保护是第二位，逐渐过渡到发展与环境协调发展的新模式。在煤炭的生产过程中提出了清洁生产与开采技术，在煤炭的加工利用过程中提出了无浪费、无污染的清洁利用模式，极大地改善了环境，提高了能源利用效率，节约了宝贵的煤炭资源。但在如何满足当代人的公平性与代际间的公平性上未能有较深入的研究。

在我国现有煤炭储量和产量中，厚煤层(厚度＞3.5m)的产量和储量均占45％左右，而且厚煤层是我国实现高产高效开采的主力煤层，具有资源储量优势。由于其煤层厚度大，对其开采可以有多种方法进行选择。主要的采煤技术有：厚煤层分层开采技术、一次采全高开采技术和放顶煤开采技术。分层开采技术和放顶煤开采技术是较为成熟的技术，一次采全高开采技术由于大采高液压支架的发明与利用得到了较快的发展。这些开采技术对我国能源的需求与经济发展做出了巨大贡献，但由于其技术的限制，对煤炭资源回收率的影响是不同的。尤其是近几年来，放顶煤技术的推广与应用虽然解决了社会对煤炭资源的需求问题，但对煤炭资源的浪费也是惊人的。

煤炭资源是不可再生的、宝贵的一次能源，由于我国开采技术、管理水平、开采设备、煤炭赋存条件等影响，我国煤炭回收率普遍不高，与世界发达国家相比仍有较大的差距。目前对煤炭回收率的研究主要从技术与管理两个层面进行，从技术上提出了各种提高煤炭回收率的途径；从管理上提出了规范煤炭生产、加工与利用过程每一个环节的标准。但在回收率的标准上，未进行较深入的研究，目前普遍采用的标准是2006年1月1日开始执行的《煤炭工业矿井设计规范》中规定的矿井采区采出率：厚煤层不应小于75％，中厚煤层不应小于80％，薄煤层不应小于85％。水力采煤的采区采出率，厚煤层、中厚煤层、薄煤层分别不应小于70%，75%和80%。这些规定只是与煤层的厚度有关，而煤炭回收率是由多方面因素共同决定的，如开采技术、地质条件、管理水平。同一企业开采不同地质条件下的煤层其回收率是不同的；同样的地质条件、同样的技术设备，不同的区队开采，其回收率也是不同的。因而煤炭回收率是受多方面因素影响的，随着不同条件的变化而变化，它应根据不同的条件具有不同的值，即合理值。对于煤炭资源回收率的合理性与合理值的研究，目前仍只是分散在不同的文献中，且只是从某一角度进行的，未形成较系统的理论体系。本书作者从煤炭资源回收率合理性的内涵进行研究，以目前开采较大的厚煤层为主要研究对象，分析了厚煤层开采的主要技术，存在的主要问题，特殊地质条件下特别是不规则厚煤层开采的煤炭回收率提高方法，影响煤炭回收率的主要因素，在此基础上建立了煤炭回收率合理性的指标体系、评价标准和评价方法，以期为提高我国煤炭回收率提供一个可参考的方法。本书主要包括以下内容：

结论主要介绍了项目研究的背景，阐述了厚煤层分层开采、放顶煤开采、厚煤层一次采全高、特殊条件下的厚煤层开采技术的基本情况与发展概况，对煤炭回收率、煤炭资源可持续发展与利用理论、资源评价理论与方法、煤炭回收率途径等问题研究的概况进行了分析，重点研究了煤炭回收率的内涵，界定了目前常用的计算公式及其存在的主要问题。针对煤炭生产的特点，介绍了研究此类问题所需求的基本理论，如可持续发展理论、系统评价理论与方法、模糊综合评价方法等，为后续问题的研究提供理论基础。

第一章主要介绍了我国煤炭资源赋存的基本特征以及煤炭资源现状，分析了目前煤炭开采过程中的主要问题。较详细地分析了我国厚煤层开采的主要方法及其存在的主要问题。主要从技术的角度对煤炭回收率的影响因素进行了分析，并提出了相应的解决途径与方法。针对目前广泛采用的综采技术，分析了回采工作面回采过程主要的煤炭损失计算方法及其煤炭损失的主要环节，根据所存在的主要问题提出了具体的解决途径。

第二章针对目前我国厚煤层开采过程中煤炭损失重点是由开采不规则厚煤层造成的（目前研究的也较少），首先分析了综采放顶煤工作面开采技术应用的现状，指出放顶煤开采普遍存在回收率比其他采煤方法回收率低的情况，造成这一现象的原因有许多，分析了顶煤的冒放性对煤炭回收率的影响；其次，详细分析了放顶煤开采技术存在的主要问题，针对不规则煤层，对其回采工艺进行了研究，提出了一种开采不规则煤炭的新工艺，并在枣庄矿业集团付村煤业有限公司进行了应用，取得了较好的经济效益。

第三章针对两巷丢煤是厚煤层开采过程中煤炭损失的重要部分，分析如何在保证安全的条件下实现两巷煤的回收。本章首先对巷道支护理论进行了分析，针对付村煤业有限公司的生产实际情况，以 $3_{上}$ 401 材巷为研究对象，对其沿断层托顶煤进行了支护强度的数值分析，根据分析结果与设计规范对该巷道进行了支护设计，取得了较好的支护效果，保证了该巷道的煤炭正常回收，提高了煤炭回收率。

第四章针对工作面两端头丢煤这一煤炭损失的重要环节，研究了工作面两端头放煤的新工艺，该工艺包括端头支架放煤方法、端头放煤工艺两部分，并进行应用研究，提高了煤炭回收率，取得了较好的经济效益。

第五章在以前研究的基础上，从地质因素、开采方法、生产机械化水平、组织管理方法等方面对影响煤炭资源回收率的因素进行了较详细的分析。地质因素方面，对煤层厚度、地质构造进行了分析；开采方法方面，对露天开采与井工开采、壁式采煤方法与柱式采煤方法进行了分析；生产机械化水平方面，对炮采工作面、一般机械化工作面、综合机械化工作面、放顶煤综合机械化工作面进行了分析；组织管理方法方面，重点分析了矿井设计管理方法、采区生产管理方法、生产考核方法等内容，为以后内容的研究奠定了基础。

第六章首先对煤炭资源回收率合理性的内涵进行了界定，在设定煤炭资源合理性评价指标筛选的原则的基础上，从地质条件、生产技术水平与管理水平 3 个维度建立评价煤炭资源回收率合理性的指标体系，该体系包括 14 个评价指标。进而在统计调查的基础上，根据我国目前煤炭生产的实际情况，对各评价指标的标准进行了设定，以层次分析与模糊数学为基础，建立了模糊综合评价模型，利用该模型对付村煤业有限公司煤炭回收率的合理性进行了评价分析，找出其存在的主要问题，并提出了相应的解决途径。

第七章根据煤炭回收率合理性是一个复杂的系统工程，涉及技术、管理、生产工艺、地质条件等多个方面，且具有随机性与不确定性，因此为保障煤炭回收率的合理性，我们提出了以计算机网络为基础的提高煤炭资源回收率的可视化保障体系，该体系包括管理、技术及协调 3 个维度，涉及标准、制度、组织、监控、网络、可视化系统、开采技术、特殊开采、安全技术等方面，并进行了较详细的设计与规范。

本书在写作过程中参考了大量文献，有的在书后参考文献中列出，有的未在参考文献中列出，在此一并感谢，你们的成果将使我们的研究更加有效。尽管如此，由于我们的学识、能力与水平有限，在某些问题上仅仅作了一些有益的探讨，因此书中难免存在错误，敬请同仁们及专家不吝指教。

著 者

2015 年 8 月于青岛

目 录

绪 论

0.1 研究背景

煤炭资源是经济建设、社会发展、文明进步的重要物质基础。节约矿产资源是建设节约型社会的重要任务之一，而在矿业开发中搞好资源节约，是节约资源最重要的环节。《煤炭工业发展"十一五"规划》中提出了煤炭工业发展的主要任务就是构建资源节约型和环境友好型矿区，即"优化煤炭布局，调控煤炭总量，建设大型煤炭基地，培育大型煤炭企业集团，整合改造中小型煤矿，淘汰资源回收率低、安全隐患大的小煤矿，加快煤炭科技创新，提高煤矿安全生产水平，建设资源节约型和环境友好型矿区"。

建设资源节约型与环境友好型矿区是建立资源节约型国民经济体系和资源节约型社会很重要的组成部分。党的十七大报告在阐述加强能源资源节约和生态环境保护问题时强调指出要建设科学合理的能源资源利用体系，其核心要求是："按照减量化、再利用、资源综合利用为重点，通过加快产业结构调整，推进技术进步，加强法制建设，完善政策措施，强化节约意识，建立长效机制，形成节约型的增长方式和消费方式，促进经济社会的可持续发展"。

建设资源节约型矿区对于煤炭矿区来说就是要节约煤炭资源。煤炭是我国重要的基础性能源和原料，在国民经济建设中具有重要的基础性地位，而且在可预见的未来几十年内，煤炭将是我国的主要能源和重要的战略物资，具有不可替代性，煤炭工业在国民经济中的基础地位，将是长期的和稳固的。在最近完成的《中国可持续能源发展战略》研究报告中，20 多位中科院和工程院院士一致认为，到 2020 年，煤炭在一次性能源生产和消费中将占 60% 左右的比例；到 2050 年，煤炭年占比例不会低于 50%。改革开放以来，煤炭工业取得了长足发展，煤炭产量持续增长，生产技术水平逐步提高，煤矿安全生产条件逐年改善，对国民经济和社会发展发挥了重要的作用。但煤炭工业发展过程中还存在严重的资源浪费问题，对煤炭资源的大量浪费严重阻碍了资源节约型矿区的建设，必须要系统地加以解决。节约煤炭资源是缓解资源紧缺、解决煤炭资源需求与经济快速增长之间矛盾的重要途径。

2005 年 4 月 1 日，国务院批准了在全国范围内进行煤炭回采率专项检查的报告。随即，国土资源部、国家发展和改革委员会联合下发了《关于开展全国煤炭资源回采率专项检查工作的通知》，组成了由国土资源部副部长汪民、国家发展和改革委员会副主任张国宝为组长的全国煤炭资源回采率专项检查工作领导小组，并在国土资源部设立了专项检查领导小组办公室。调查结果表明：2004 年全国各类煤矿的平均采区回采率只有 64%，大型煤矿平均采区回采率为 69%，其中厚煤层平均回采率为 65%，中厚煤层为 75%，薄煤层为 77%。2002～2004 年的中型煤矿平均采区回采率为 65%，其中厚煤层平均回采率为 63%，中厚煤层为 70%，薄煤层为 78%。小型煤矿平均采区回采率为 58%，其中厚煤层平均回采率为 53%，中厚煤层为 61%，薄煤层为 71%。小煤矿平均采区回采率为 55%，其中厚煤层平均回采率为 47%，中厚煤层为 56%，薄煤层为 63%。2002～2004 年的平均采区回采率为 51%。

我国从 1988 年开始进行综采放顶煤试验取得成功后，在我国的主要采煤区推广综采放顶煤技术，目前该技术已得到了广泛应用，取得了较大成绩，为我国经济发展做出了巨大贡献，但回收率较低一直是该项技术进一步发展的瓶颈。综采放顶煤煤炭损失主要包括开采设计损失、放煤工艺造成的损失和工作面设备本身引起的损失。开采设计损失主要包括采区各种煤柱损失、开采参数对煤炭的损失、初采损失、末采损失、端头损失、放采比不当造成的煤损。放煤工艺引起的煤炭损失主要包括放煤步距煤损、放煤方式煤损。工作面设备引起的煤炭损失主要体现在放煤液压支架对顶煤回收率的较大影响、后刮板输送机的运输能力和结构顶煤回收的影响、综放工作面的装机容量太小或比例不合理对煤碳回收率的影响。其中开采设计损失所占比例较大，占总损失的60%以上，特别是在特殊地质条件下，如断层、褶曲等，在设计时往往采用较安全的设计数据，并未针对具体情况进行详细的分析与研究，进而制定较科学的设计方案。

煤炭是一种不可再生资源，是国家的宝贵财富。在我国煤炭消费结构中，煤炭所占比例始终保持在60%以上。因而合理开采和利用煤炭资源是我国煤炭工业的一项重要技术政策。煤炭资源回收率计算主要有矿井回收率和采区回收率，矿井回收率由于计算涉及未开采区域，目前主要采用采区回采率，而这一指标无法准确地衡量对煤炭资源的回收情况，而对煤炭资源回收率的计算未有统一的计算公式，从而导致无法正确地评价企业对煤炭资源的回收情况。煤炭资源的回收率是受地质条件、开采技术水平以及煤炭企业的管理水平等多方面影响的，即同一企业由于煤炭所处的地质条件不同，其回收率是不同的。因此，正确地评价一个企业的煤炭资源回收率的合理性水平，必须考虑多种因素，得到一个综合评价的结果。只有建立一个合理性的评价模型及方法，才能在不同企业中进行煤炭资源回收情况的比较，才能发现问题，从而提高企业的资源回收率。

0.2 国内外研究动态

我国缓倾斜厚煤层分布广泛，储量丰富。目前开采这些煤层的方法主要有分层开采、一次采全高开采和放顶煤开采三种方法。目前这三种开采方法在大型矿山一般都采用综合机械化采煤工艺。

1.2.1 厚煤层分层开采技术

在我国厚煤层开采初期，多采用分层开采，而分层开采的综合机械化采煤工艺虽较高档普采有较大优点，煤炭采出率较高，但经多年实践也暴露出一些缺点。如工作面安撤次数多，煤巷掘进率高，准备工作量大，生产接续紧张；采空区封闭频繁，通风管理困难，自然发火隐患大；铺联网工作强度大、占用时间长；吨煤成本高，网下采煤顶板难以控制，易出现运输事故；采区巷道重复受压，增大了维护工作量；底分层煤厚变化大，割底多影响煤质、损坏设备等生产技术问题。由于以上技术问题，采煤工作面的单产水平一直不高，平均月单产只有 6.2 万 t 左右。

0.2.2 厚煤层综采放顶煤技术

综合机械化放顶煤开采技术最早出现在国外。1957 年，苏联研制出了 KTV 型掩护式放顶煤液压支架，并在库兹巴斯煤田的托姆乌辛斯克使用；1963 年，法国研制成功了“香蕉”支撑掩护式放顶煤液压支架，1964 年在布朗齐矿区使用并获得成功；20 世纪 80 年代初，匈牙利研制成功单输送机前开天窗式放顶煤液压支架。此后，波兰、南斯拉夫、印度等国都使用过综采放顶煤技术，20 世纪 80 年代初，国外综采放顶煤已初具规模，放顶煤支架已有 10

多种，平均月产水平为 2 万～4 万 t，工效达 15～30t/工。但是由于其工作面采出率仅 70%～80%，因此国外综采放顶煤技术主要用于褐煤和劣质煤层中。由于其效果不够理想，加上国际能源结构变化等原因，20 世纪 80 年代后国外综采放顶煤技术开始萎缩，20 世纪 90 年代只有极少数矿井使用。

我国综采放顶煤技术的发展始于 20 世纪 80 年代。1984 年 6 月，由原煤炭部立项，在沈阳矿务局蒲河矿用我国自行研制的 FY400P14P28 综采放顶煤支架开始试验。自 20 世纪 80 年代初，我国的矿区纷纷从国外引进和自行研制放顶煤支架，充分利用放顶煤高产高效、低成本的优势，大力开展试验研究。由于采出率低的缘故，1988 年以前其主要在褐煤和软煤中试验，20 世纪 90 年代初，阳泉、潞安等矿区开始在中硬煤中试采，获得成功，但采出率问题始终困扰着放顶煤技术的发展；20 世纪 90 年代中期，晋城、大同等矿区在硬煤中试验放顶煤，在采取各种专门措施的引导下，通过"九五"攻关，坚硬煤层的放顶煤也获得成功，且产量和效率均赶超世界先进水平；1992 年，潞安漳村矿综采放顶煤工作面年产突破 200 万 t；1993 年，潞安王庄矿年产突破 250 万 t；1994 年，我国已有 28 个局矿 62 个综采放顶煤工作面，年产原煤 4000 万 t 左右；1995 年，兖州兴隆庄矿又将单产水平提高到 315 万 t；1997 年，兖州东滩矿单产水平突破 410 万 t；1998 年，该矿又创世界纪录，将单产水平提高到 501 万 t；1999 年，兖州东滩矿再创单产 600 多万 t 的世界新纪录。从 1992 年以来，每年产量最高的采煤队均是放顶煤综采队，因此综采放顶煤在我国得到了长足发展，而且成为具有中国特色的一种厚煤层新型采煤方法。产量上去了，成本降下来了，但采出率还一直是困扰放顶煤发展的一个障碍，于是在提高产量的同时，围绕提高采出率的理论与技术研究也在不断发展和完善。工作面采出率由 20 世纪 80 年代后期的 75%左右到 90 年代中期的 80%左右，90 年代末对我国 42 个局矿进行统计，总平均工作面采出率为84.14%。其中软煤工作面采出率平均为86.41%,中硬煤工作面采出率平均为83.46%,硬煤工作面采出率平均为79.61%,较薄厚煤层轻放支架的工作面采出率达87.06%。

0.2.3 厚煤层一次采全高开采技术

厚煤层一次采全高开采技术(简称"大采高技术")在我国部分煤矿也进行了相应的试验研究。如邢台矿务局东庞煤矿采用国产高架及有关配套设备对4.5～5m厚煤层一次采全高,取得了较好的技术、经济效果,但此法对地质条件和开采技术要求较严,,如煤层厚度在5m以下,巷道超前支架的稳定性高,大采高支架的设计及适应性良好等因此使用范围受到了一定限制。

0.2.4 特殊条件下的开采技术

在复杂地质条件下进行放顶开采技术的研究主要集中在顶板稳定性对开采工艺的影响、大采高巷道支护技术、大采高液压支架的研制与应用、回采工艺的设计与应用。在顶板稳定性研究中,主要根据顶板的岩石力学性质研究在不同采场下其承载与破坏规律,进而提出有效的支护技术,并为此提出了相关的支护设计理论及技术。在提高采区回采率方面,较有效的方法有沿空留巷技术、沿空送巷技术、小煤柱开采技术等,可有效地提高采区回采率。在复杂地质条件下,如水下、建筑物下开采也取得了较大进展,主要表现在提高开采上限、合理煤柱的设计、矿山压力的特殊变化规律等,为提高采区回采率提供了可借鉴的途径。

0.2.5 煤炭回收率的研究

在煤炭回收率的研究过程中,根据煤炭生产的特点,一般将煤炭回收率的内涵界定为两部分,一是采区回采率,主要定义为"采区采出煤量与采区回采煤量之比";二是整个矿井回收率,即矿井采出煤量与矿井储量之比。该定义在理论上是完备的,但在实践中,由于煤炭赋存条件的特殊性,其回采储量与矿井储量的计算存在许多不确定性,对储量的计算较丰富,从而导致了煤炭回收率的计算呈现复杂的态势。丁安民对数种煤炭储量的计算方法进行了理论分析,揭示了其理论依据,通过对不同地质类型的煤矿床比较,指明了各类煤炭储量计算方法对不同地质类型煤矿床的理论适用性。传统的煤炭储量分级方法人为地根据地质条件和煤层条件确定级别,存在较大的不确定性。汪运甲通过分析现行的规程、相关教材、设计手册等在计算矿井设计可采储量等相关概念及计算公式上存在的欠缺,提出了改进公式,以期达到科学合理与标准统一。祁春燕等对传统储量分级过程中的不确定性进行分析,基于钻孔分布的空间邻近关系,构建了控制程度误差指数来度量分级的不确定性,从而更科学地划分储量级别,为提高储量计算的精度提供了基础。张鹏分析了传统煤炭储量计算过程中普遍存在的报表数据与煤层低板等高线以及储量计算图相互分离等问题,建立了基于 GIS 的煤炭储量管理信息系统,借助于计算机,实现了图形化的操作平台,集图形操作、储量计算、数据处理与管理于一体,较好地满足了日常储量管理的需求,提高了储量管理部门的工作效率。温秀芬利用信息技术,借助于计算,实现了煤炭储量动态监测管理的数字化,提高了储量管理水平。

0.2.6 煤炭资源可持续利用理论

Dennis Meadows 等(1972)在《the limits to growth》中研究了资源、经济、社会、人口之间的关系,提出了人类经济社会发展不能依赖于可耗竭性资源,分析了可耗竭性资源对环境的影响,为可持续发展理论的提出奠定了基础。Hostelling 开创了可耗竭性资源的持续利用研究领域,其研究成果集中表现在其于 1931 年发表的

《耗竭性资源的经济学》中。Conrad 等在该领域也进行了研究工作,形成了可耗竭理论。Rohrbacher T. J. (1993)根据采煤因素、煤炭资源回采率和经济性因素之间的关系,确定了煤炭可采储量的计算方法。日本工业标准煤炭储量计算规定(JIS M 1002)中提出了煤炭储量计算的原则。李堂军分析了煤炭矿区可持续发展的基础与条件,提出了不同矿区可持续发展的模式适应性策略,并利用计算技术对矿区可持续发展的各种条件进行了仿真分析,为矿区可持续发展提供了政策建议。

0.2.7 资源评价理论与方法

资源评价是复杂大系统的重要应用领域,是以复杂大系统的研究理论成果为基础,通过对系统的内部结构与外部特征的分析,找出表征系统发展深化特征的状态变量或指标体系,根据系统的发展目标,利用定量描述系统,以达到对系统运行规律的掌握,或对系统进行控制,以达到人们所要求的目标。对资源评价理论的研究成果较为丰富,不同学者根据自己的研究领域与研究对象,建立不同的评价指标体系与评价模型,部分解决了实际应用问题。但由于资源评价对象的特殊性与评价指标的多样性,在评价指标的选择中仅仅是针对具体的评价对象选择较特殊的指标,因而在应用过程中缺乏普遍性与普适性,其成果的应用也具有一定的局限性。宁超、段守军以模糊综合评价法和灰色聚类评价法为例,以具体的煤田为分析对象,探讨了其在资源评价中所存在的优缺点。刘永兴等应用模糊综合评价法,从地质构造的复杂程度、煤层稳定性、采煤方法和其他开采地质条件,对煤炭回采率进行了评价。牛军强、姚彤宝、罗东海利用层次分析方法,对新疆卡姆斯特煤矿区煤炭资源进行了评价与应用。汪云甲等结合煤矿企业的生产实际,将煤炭资源评价、技术经济分析、煤炭开采方案与决策作为一整体,形成了集图形与数据管理于一体的煤炭资源评价与管理信息系统。徐宏杰等基于贵州省煤炭资源的分布和赋存特点，构建了煤炭资源评价体系。运用灰色聚类分析方法，对贵州省 166 个勘查区进行分析评价，确定其优劣顺序。田保安对安泽矿区煤炭资源的潜力和开发前景进行了分析和评价，认为该区煤炭资源量大、煤质较好，具有较好的开发利用前景和经济效益。

0.2.8　煤炭资源回收率途径研究

提高煤炭资源回收率途径的研究，主要集中在煤炭资源丢失的途径中。目前的研究成果认为，煤炭资源的丢失主要表现为设计损失、生产过程损失、运输过程损失、灾害损失、加工过程损失等，其主要损失是设计损失与生产过程中的损失。不同学者对这几部分的损失分别进行了研究，建立了不同的分析模型，分析其组成特点，找出其损失的原因，为减少损失提供了改进的措施与建议，对煤炭资源的节约起到了积极作用。有的学者研究了不同的采煤方法对煤炭损失的影响，不同的机械化水平对煤炭损失的影响，不同的地质条件对煤炭损失的影响；也有的学者研究了同一机械化水平下，由于管理水平的高低，煤炭资源的回收率不同，得出了管理水平在同样生产条件下对煤炭资源回收率的影响是巨大的，也是目前提高煤炭资源回收率的主要因素。表 0-1 为不同管理水平下，同为放顶煤开采，不同矿区的采区回收率情况。

表 0-1　　部分综放工作面煤炭损失结构状况

矿井名称	工作面名称	采出量（万 t）	损失率（%）				回收率（%）
			合计	初末采	两端头	放煤工艺	
兴隆庄	2304	131.44	17.00	1.48	3.03	12.49	83.00
鲍店	1306	61.59	16.24	0.58	0.68	14.98	83.76
南屯	1301	142.72	14.65	0.40	2.06	12.19	83.35

续表

矿井名称	工作面名称	采出量（万 t)	损失率(%)				回收率(%)
			合计	初末采	两端头	放煤工艺	
东滩	14307	89.39	17.44	0.35	2.56	14.45	82.56
煤峪口	8809	32.59	27.18	5.47	6.35	16.35	72.72
米村	15011	50.55	14.80	1.77	1.60	11.43	85.20
阳泉一矿	8603	56.65	15.40	1.39	1.90	9.19	84.49
乌兰	5225	38.90	18.44	2.07	1.32	12.53	81.56
旗山	3119	34.64	11.11	1.54	2.16	4.66	88.99
王庄	4318	170.90	14.1	1.19	3.80	9.10	85.90

叶根喜等针对国内边角煤的开采现状，提出了一套高回收率和高效率的开采工艺。刘学成分析了放顶煤工作面顶煤放出率的影响因素，提出了提高放顶煤开采回收率的具体措施。石延国、崔松竹介绍了我国厚煤层放顶煤开采的经验，提出了提高煤炭回收率的具体措施。李宝安分析了综采放顶煤开采煤炭损失的构成、回采率的计算以及如何提高煤炭资源回收率的具体措施。常正宏针对新立矿的生产实际，为减少煤炭损失，采取了新的回采方式，降低了煤炭资源损失。李松营、侯相云、翟大兴针对千秋煤矿的生产实际，介绍了巨厚煤层开采提高回收率的技术措施。郭好杰、徐书谦针对铁生沟生产的实际情况，分析其多年提高煤炭资源回收率的开采经验，总结出了提高煤炭资源回收率的具体途径。还有其他学者与专家，针对具体的煤矿生产实际，分析了煤炭资源损失的具体情况，并根据具体情况分别提出了提高煤炭资源损失的措施与改进方法。这些方法与措施在一定程度上与该矿山的生产实际相适应，极大地提高了煤炭回收率，提高了矿山企业的经济效益。

0.3 煤炭回收率的内涵

对煤炭资源回收率的研究一般是从其定义开始的。在煤炭的开采过程中，由于开采技术手段、地质条件以及管理水平的限制，埋藏在地下的煤炭资源不可能全部被开采回收。因此根据现有的技术条件、不同的地质条件及管理水平，对煤炭资源回收率进行了不同的界定，目前比较成熟的是分不同的阶段、区域进行定义，主要分工作面回采率、采区回采率和矿井回采率三种定义方式。

0.3.1 工作面回采率

工作面回采率一般是指在采区工作面范围内采出的煤量与工作面范围内的可采储量之比，其计算公式为：

$$w_1 = \frac{q_1}{q_2} \tag{0-1}$$

式中，w_1 为工作面回采率；q_1 为工作面采出煤量；q_2 为工作面可采储量。

该定义强调是采出的煤量与可采储量之比。在采出煤量的计算过程中，由于生产条件、机械化水平及管理水平的限制，采出煤量往往存在计算不准的情况，同时在煤炭运输过程中还存在风吹、风化、撒落等自然损失，使得工作面采出煤量的计算存在不确定性。另外，在工作面可采储量的计算过程中，也存在受地质条件不清，如煤层厚度不均、断层影响以及其他构造等影响，使得工作面可采储量计算不准确。尽管存在这些情况，由于其影响相对较小，故工作面回采率的计算相对来说还是比较准确的。同时，由于在计算可采储量时考虑到了目前的开采技术水平，工作面回采率是比较高的，一般情况下都能达到 95%以上。

0.3.2 采区回采率

采区回采率一般是指在整个采区范围内采出的煤量与采区可采储量之比，其计算公式为：

$$w_2=\frac{q_3}{q_4} \tag{0-2}$$

式中，w_2 为采区回采率；q_3 为采区采出煤量；q_4 为采区可采储量。

在采区回采率的计算中，强调采区回采率是在采区范围内采出的煤量与可采储量之比。在采出煤量的计算过程中，由于采区由多个工作面组成，同时在煤巷掘进过程中也采出部分煤量，因此采区采出煤量是采煤工作面采出煤量与煤巷掘进出煤量之和。同样，由于地质条件、机械化作业水平、现场人员的操作水平以及管理水平的差异，在采区采出煤量的计算过程中也存在不确定性。另外，在采区可采储量的计算过程中，采区可采储量是指整个采区范围内在现有的开采技术水平下可采出的煤量，由于生产技术条件及开采条件的制约，采区存在大量的防护煤柱，如采区上下山保护煤柱、采区工作面两巷保护煤柱等，故采区回采率相对较低，一般保持在80%以上。

0.3.3 矿井回采率

矿井回采率一般定义为在矿井井田范围内采出的煤量与可采煤量之比。其计算公式为：

$$w_3=\frac{q_5}{q_6} \tag{0-3}$$

式中，w_3 为矿井回采率；q_5 为矿井采出煤量；q_6 为矿井可采储量。

矿井回采率强调在矿井井田范围内采出的煤量与可采储量之比。由于在矿井范围内同时生产的采区数量较多，一般多于1个采区，单一采区的矿井较少，因此矿井采出煤量主要是各采区采出煤量与主要运输大巷掘进出煤量之和。同时为了满足煤炭开采的需要，需从地面向工作面开掘主要的运输大巷，建立井底车场、井下煤仓等主要建筑物，在地面建设地面工业广场、洗煤厂、机械维修车间以及生活区等设施，这些建筑物由于地面条件的限制，无法建设在煤层赋存区之外，因此存在压煤现象，造成在现有的技术条件下无法采出，因此煤炭损失较大，矿井回采率一般较低，在我国一般情况下在70%左右。

0.3.4 煤炭回收率

从工作面回采率、采区回采率与矿井回采率的定义分析过程中，我们发现由于受地质条件与生产技术条件的限制，同时受工作人员的操作水平与企业管理水平的制约，在计算过程中，或在生产过程中，普遍存在计算不确定性问题，同时各工作面、采区、矿井回采率的水平也存在一定的差异，其强调计算过程，而对工作人员的操作水平以及企业管理水平这两个因素考虑较少，未将其纳入。因此，我们认为计算煤炭资源的回收率应以矿井范围内考核较为科学，也具有可比性，其计算公式为：

$$w=\frac{q}{q_c} \tag{0-4}$$

式中，w 为煤炭资源回收率；q 为矿井采出煤量；q_c 为矿井可采储量。

在利用该公式进行煤炭资源回收率的计算过程中，强调以下几个方面：

(1)在计算过程中，矿井可采储量是一个动态的概念，随着生产技术的发展，矿井可采储量是不断变化的，如可采厚度的变化、特殊建筑物下可采、小范围可采等情况。

(2)矿井回收率的计算范围是在整个矿井井田，也存在在生产时间内发生变化的情况。

(3)在矿井回收率的计算过程中,可采储量是指在现有的技术水平、人员操作水平以及管理水平综合因素影响下,针对特定的地质条件煤层进行开采时,其可能采出的储量。其计算具有一定的复杂性与准确性。

0.4 煤炭生产的特点

煤炭生产是一个复杂的动态系统,由众多的生产单元或系统组成。煤矿开采的对象是类型众多、形态各异、条件多变且采前未能完全确知的天然资源;应用着多层次、多样化且正在变动着的开采技术;开采工作受多种因素影响,因而煤炭生产具有其自身的特点。

0.4.1 客观条件的决定性与地域条件的无选择性

煤矿开采的对象是自然的煤炭资源,其开采的地点受到资源分布的限定。由于具有开采价值的煤层的形成需要许多条件(古植物条件、古气候条件、古地理条件和古构造条件)以及以后的地质变动,使得矿址不能自由选择,往往要在交通、水源、动力等外部条件非常不利的地点建矿。煤炭的工业储量是天然赋存的,不能输入,也不能再生。矿区的开发规模受到自然数量、质量、煤层地质条件、开采条件、交通位置及地理经济环境的制约。

由于受地理经济条件以及技术条件的影响,同时煤炭建设所需资金大、风险大、建设周期长、回收资金慢等,因此无论是开发新矿区,还是矿区的矿井布局、矿井的开采水平和采区布置,各采煤国都是执行先近后远、先浅后深、先易后难和先优后劣的开采顺序。因而总的趋势是煤矿开采的资源日益贫瘠,开采条件日益困难,而新矿区开发环境趋于恶化,导致采矿业成为规模效益递减的行业。

由于受勘探手段和勘探工作量(如一定的勘探网线距和孔距)的限制,地质勘探报告(矿井井田地质报告)关于煤层赋存情况和地质特征的描述具有一定的推断性质。实际煤层揭露可能遇到与报告描述不同的情况,尤其在煤田地质构造复杂、煤层赋存不稳定的矿井,报告对实际偏离不能确知,再加上井下作业环境较差,巷道、设备发生故障的可能性较大,诱发因素也多,当遇到这些情况时,原定的生产计划安排、技术应用、生产管理等就不能不受到影响。

0.4.2 产业结构的重工业性和带动性

煤炭工业是国民经济的重要组成部分,是国民经济发展的基础。我国是世界上少数几个一次能源以煤为主的国家,煤炭资源占一次能源总资源量的90%以上。煤炭在一次能源生产总量的构成比重由20世纪50年代的90%,降低到80年代的70%左右,进入90年代以来一直保持在70%以上。近些年的一次能源生产总量及其构成如表0-2所示。据专家预测,煤炭在一次能源(指常规能源)中的主要地位(占50%以上),近50～60年间难以改变。为保证我国国民经济的正常发展,2000年、2020年、2050年煤炭占一次能源的比重应分别为70%、68%、50%以上。

在矿区发展的初期和中期,煤炭产业是矿区的主导产业,是矿区经济发展的支柱,由于其重工业性和需要综合应用地质勘探、煤矿建设、煤矿开采、煤炭洗选加工、矿山机械、矿山电气与自动化、矿山通风与安全、矿区运输、矿区通信等多种工程技术及科学知识,是资金密集型、知识密集型和人力密集型的产业,需要大量的人力、物力,因此必然推动矿区经济和地方经济的发展。对于距城市较近的矿区,它是地方工业的一个组成部分,可以为地方其他工业提供较为廉价的原料和就业机会。对于地处农村的矿区,它是地方经济的支柱产业，能够带动和促进地方经济的发展，使矿区发展逐渐城市化。

表 0-2　　我国一次能源生产总量及其构成

年	能源生产总量（万 t 标煤）	构成(%)			
		原煤	原油	天然气	水电、核电、风电
1978	62770	70.3	23.7	2.9	3.1
1980	63735	69.4	23.8	3.0	3.8
1985	85546	72.8	20.9	2.0	4.3
1990	103922	74.2	19.0	2.0	4.8
1991	104844	74.1	19.2	2.0	4.7
1992	107256	74.3	18.9	2.0	4.8
1993	111059	74.0	18.7	2.0	5.3
1994	118729	74.6	17.6	1.9	5.9
1995	129034	75.3	16.6	1.9	6.2
1996	133032	75.0	16.9	2.0	6.1
1997	133460	74.3	17.2	2.1	6.5
1998	129834	73.3	17.7	2.2	6.8
1999	131935	73.9	17.3	2.5	6.3
2000	135048	73.2	17.2	2.7	6.9
2001	143875	73.0	16.3	2.8	7.9
2002	150656	73.5	15.8	2.9	7.8
2003	171906	76.2	14.1	2.7	7.0

续表

年	能源生产总量（万 t 标煤）	构成（%）			
		原煤	原油	天然气	水电、核电、风电
2004	196648	77.1	12.8	2.8	7.3
2005	216219	77.6	12.0	3.0	7.4
2006	232167	77.8	11.3	3.4	7.5
2007	247279	77.7	10.8	3.7	7.8
2008	260552	76.8	10.5	4.1	8.6
2009	274619	77.3	9.9	4.1	8.7
2010	296916	76.5	9.8	4.3	9.4
2011	317987	77.8	9.1	4.3	8.8
2012	317987	77.8	9.1	4.3	8.8
2013	331848	76.5	8.9	4.3	10.3

资料来源：《中国能源统计年鉴》。

0.4.3 生态环境重构的必然性与艰巨性

矿区作为采矿工业的生产基地，其在发展过程中不可避免地会造成地表沉陷破坏、废弃物矸石排放堆积、矿井水排放、井下通风的废气排放并兼有矿区其他工业企业生产和人们生活中造成的一般城区所有的对环境的危害和污染。因此，控制和治理矿区生态环境是矿区走可持续发展道路的必然选择，任重而道远。到1997 年底，我国煤炭开采造成的地表沉陷累计有 $4\times10^5\ hm^2$，平均每采 10×10^3 t 煤造成地表沉陷 $0.2hm^2$。历年累计排放堆积的矸石量约 3×10^9 t，占用土地面积 $5500hm^2$，每年排放的矸石量为 150×10^6 t。北方矿区有 19%的岩溶水资源被煤矿排出，使这些水受到不同程度的污染。

煤矿开采和加工、生产过程中排出的各种废水有矿井水、选煤废水、火药厂废水等。全国国有重点煤矿年排放矿井水 2.2×10^{9} t,其他工业废水每年排放近 30×10^{6} t,生活污水每年排放 4×10^{8} m^{3} 左右。此外,矿区各种废气污染、粉尘污染、噪声污染等都较严重。

0.4.4 开发过程的阶段性与动态性

虽然煤炭生产的各矿区煤田地质条件、开发规模、开采条件、建设速度及开发历史各不相同,但基本的开发过程是一致的。从总体上可将煤炭生产分为三个阶段:矿区规划设计阶段、矿区建设阶段和矿区生产阶段。在矿区的规划设计阶段,主要根据国家对煤炭工业的长远规划,进行矿区开发建设的可行性研究,编制、审查、批准矿区总体设计,在此基础上进行矿井的初步设计和施工图设计。在矿区的建设阶段,进行并完成矿区设计规模内的逐个矿井(露天矿)建设,首先做好矿区建设前的施工准备,然后按一定的顺序进行各矿井(露天矿)的施工,同时进行矿区其他分系统和设施的建设。随着各矿井陆续建成投产,矿区转入生产阶段。这一阶段又可分为三个时期:产量递增期、均衡生产期和产量递减期。

矿区生产的动态性体现在五个方面:一是产量的波动性,在不同的生产时期,其产量变化较大,即使在同一生产时期,受地质、技术、管理等因素的影响,其产量也具有波动性;二是煤矿开采地点不断转移,要不断地掘进新的巷道,准备并开采新的采煤工作面、新采区、新矿井,又不断地采完原有的生产工作面、采区、矿井,报废旧有的井巷及工程设施,新老巷道、采煤工作面、采区、矿井生生灭灭滚动发展,形成了矿区采矿系统的动态变化;三是开采资源的动态变化,煤炭是可耗竭性的不可再生资源,随着煤矿的开采,其地质储量逐渐减少,同时由于地质条件不同,煤层的厚度和质量逐渐发生变化,从而影响煤炭开采与经营;四是生产技术的动态性,随着科学技术的发展,煤炭生产逐渐采用新的生产技术和新的采煤工艺,以获得更好的技术经济效果。

0.4.5　发展趋势的特异性

煤炭生产是一个发展着的复杂系统,担负煤炭生产、洗选加工和综合利用等职能,要达到高产、高效、稳产、安全、低耗、经济和社会效益等多个目标。受煤田地质条件、地理环境、开采技术及地区经济发展水平等多种因素的制约,煤炭生产要综合应用多种工程技术和科学知识,包含有多层次的多个组成部分,需经历不同的发展阶段,在各发展时期具有不同的发展规律。

就煤层地质条件而言,各煤田、煤田的各部分、各矿井井田、煤层、采区,甚至同一采煤工作面的不同部位都不相同。各矿井、采区、采煤工作面使用的开采技术、操作和管理水平也有差异,因而从严格意义上说,不仅矿区、矿井、采区、工作面各不相同,就是同一矿井、采区,不同时期也具有或多或少的差异。

由于煤炭资源的可耗竭性,矿区内各个矿井的寿命是有限的。为了维持简单再生产,在矿区的开发过程中,要同时进行生产和建设,矿区生产阶段中要建设新井或改扩建生产矿井,矿井在生产过程中要延深新水平、开拓新采区。因此在每一个时期,矿区的生产能力既要考虑新增能力,又要考虑对原有能力耗竭的补偿。随着矿井由初期向中期、后期过渡,开采深度不断增加,开采条件不断劣化,开采成本将不断增加。

一个矿井的经营效果,在很大程度上取决于煤炭的赋存条件和煤质。一个开采条件优越、煤质好的矿井,即使经营较差,其经济效益也可能比经营良好但开采条件差、煤质差的矿井要好。因此对矿井管理水平的评价,不能像其他工业一样单纯地以绝对经济效益为准。

0.5 研究的相关理论基础

0.5.1 可持续发展理论

20 世纪 80 年代，由传统经济发展模式所引发的环境问题、人口爆炸、资源短缺、贫富差距加大等重大问题，日益引起人们对传统发展模式的反思。联合国世界环境发展委员会(WCED)讨论了世界范围内经济与环境发展所面临的重大问题，其研究成果发表在了《我们共同的未来》中，该书 F 中明确提出了可持续发展的经济增长模式，并成为各国经济发展的必由之路。1992 年 6 月，联合国在巴西的里约热内卢召开了世界环境与发展大会，大会通过了《21 世纪议程》，得到了全世界 100 多个国家的认可，并成为各国经济发展的主要模式，人类从此告别了传统的经济发展模式，进入了一个新的经济发展社会。与此相对应，我国政府向世界庄严承诺将履行《21 世纪议程》，并于 1994 年 3 月通过了国家级可持续发展战略——《中国 21 世纪议程——中国 21 世纪人口、环境与发展白皮书》，宣告我国走可持续发展之路的决心，这也是实现建设中国特色社会主义的必然选择。

0.5.1.1 可持续发展的内涵

可持续一词已被当代人们普遍认同与广泛接受，但在 1988 年以前，人们对这一概念的内涵未有明确的定义。对可持续发展内涵的理论与达成共识是经过相当长的时间才形成的，不同学者从自己研究的领域进行了不同的界定，特别是我国学者，从我国历史发展过程中所形成的独有文化特点，如儒家学说、道家学说等有关的概念与理念出发，研究了可持续发展的发展历程，进而形成了其独特的内涵。但对可持续发展的内涵，世界上公认的是在 1997

年,由挪威首相布伦特兰夫人主持的世界环境与发展大会所提出的内涵,在《我们共同的未来》中明确定义为:可持续发展是指“既满足当代人的需要,又不损害后代人满足其需求的发展”。

在我国1994年通过的《中国21世纪议程》中,对可持续发展的定义为“人口、经济、社会、环境和资源相互协调的,既能满足当代人的需求而又不对满足后代人需求的能力构成危害”的发展。这一定义与WCED的定义在本质上是一致的,强调人口、资源、经济、社会、环境的协调与代际间的公平。叶文虎、栾胜基在《论可持续发展的衡量指标体系》(1996)中对可持续发展的界定为“可持续发展是不断提高人群生活质量和环境承载力的、满足当代人需求又不损害子孙后代满足其需求能力的;满足一个地区或一个国家的人群需求又不损害别的地区或别的国家的人群满足其需求能力的发展”。这一概念强调的是一个区域内的可持续发展问题,只有每个区域实现了可持续发展,全人类才能实现可持续发展,即实现了可持续发展的初衷。

由此可以看出,可持续发展的本质强调人类发展与自然环境的协调,是人类社会发展的可持续性在空间层面和时间纵向上对发展的本质所作的限制。它是从人在自然中的地位出发,在世纪范围内包括当代人与后代人共同发展的整体利益。

0.5.1.2 可持续发展的原则

可持续发展概念提出以后,在理论层面上的讨论仅局限在对可持续发展所遵循的原则上面,也就是对可持续发展的理解,走可持续发展所应该考虑的首要问题,如何评价可持续发展的问题,为此不同学者根据可持续发展的定义提出了相应的可持续发展原则,主要体现在以下几个方面:

公平性原则。公平性原则是指人类生存与发展的公平性,体现在不同人的选择的公平性。可持续发展的公平性包括三层含义:一是当代人的公平性,即同代人之间的横向公平性,体现在贫富的公平性,要给世界以公平的分配和公平的发展权,要把消除贫困作为可持续发展进程特别优先的问题来考虑;二是代际间的公平性,公平性不仅体现在当代人选择的公平性,同时也体现在不同代人之间选择的公平性,即世代人之间的纵向公平性,即人类发展所依赖的资源是有限的,要为后代人发展提供公平的选择权,不能为了当代人的发展而过度使用资源,损害了后代人发展所依存的条件,要给世世代代以公平利用资源的权利;三是公平分配有限资源,资源是世界所共有的,在资源的分配过程中,公平、平等地进行分配,使资源的使用具有公平性,同时对环境的使用也应具有公平性,不能因某一国家或地区的发展而影响其他国家的发展。

可持续性原则。可持续发展的核心是人类的经济发展不能造成对环境的破坏,超越自然资源的限制与环境的承载能力。资源与环境是人类赖以生存的条件与基础,每一个国家或地区,甚至是每一个人都要对环境负责,以保护环境为己任,即要求调整自己的生存与生活方式,在生态可能的范围内确定自己的消耗标准。同时某一国家或地区的发展,应最大限度地保护资源与环境,使有限的资源与环境承载能力实现持续发展与利用。

共同性原则。由于世界范围内各国的发展历史、文化与发展水平存在差异,在实施可持续发展战略时,其可持续发展的内涵等可能存在一定的差异,但可持续发展所遵循的基本原则是不变的,是各国或地区在区域发展过程中所必须要遵循的。为了实现全世界的可持续发展,必须采取一致的行动。因此,在《我们共同的未来》中明确强调:“今天我们最紧迫的任务也许是要说服各国认识回到多边主义的必要性,进一步发展共同的认识和共同的责任感,这是这个分裂的世界十分需要的。”《里约宣言》中也提到,“致力于达成既尊重所有各方的利益,又保护全球环境与发展体系的国际协定,认识到我们的家园——地球的整体性和相互依存性”。

需求性原则。传统的发展模式是以传统的经济为支柱,片面地追求经济的高速发展，而忽略了发展对环境所造成的危害和对自然资源的过度消耗，即忽略了资源在代际间的合理与公平分配，仅仅是根据市场信息来刺激人们的需求与消费，改变人民的生活方式。这种传统的经济增长方式对环境造成了极大的危害，同时也过度消耗了自然资源。而可持续发展所坚持的公平性不仅体现在当代人之间的公平，同时也体现在代际人之间的公平，这就要求为后代的需求提供基础与条件，即在需求上是公平的，向所有人提供其实现美好生活愿望的机会。

0.5.2 系统评价理论与方法

系统评价理论与方法是目前研究的热点之一，通过建立评价模型与方法对现有系统进行客观评价，进而根据评价结果对系统进行判断，找出其存在的问题，并提出改进的策略，以完善系统的功能，使系统向有利于人类发展的方向发展。

0.5.2.1 系统的概念

对系统概念的研究，不同学者根据自己所处的研究领域与所学知识，从不同的层面上进行界定，其研究成果也较为丰富，目前比较公认的定义是“系统是由具有相互联系、相互若干组成部分结合在一起且有特定功能的有机整体”。它具有以下四个核心内容：一是由多个元素组成；二是具有一定的功能与目标；三是元素之间相互联系与相互制约；四是元素之间具有空间的排列结构。

根据研究的需要，系统有不同的划分方法，常见的是根据系统的本质属性，将系统划分为简单系统与复杂系统。简单系统是指组成系统的单元数量较少，因而它们之间的关系也比较简单，或尽管单元数量多，但它们之间的关系比较简单。而复杂系统最主要的特征是系统具有众多的状态变量，反馈结构复杂，输入与输出呈现非线性特征，即高阶次、多回路、非线性。无论是简单系统还是复杂系统，只是人们认识与研究系统的层次不同，它们在结构、功能、行为、演化等方面，都是十分复杂，至今仍有大量问题还不了解。

0.5.2.2　系统的特性

一个系统无论其大小，也无论其结构是否复杂，都有一个共同特点，其所具有的特征是相同的。一个系统应具有的特征有以下六个方面：

目的性（功能性）。一个系统之所以存在，是因为其目的性。在自然界中，无论是自然系统，还是人工系统，也无论是简单系统，还是复杂系统，每个系统都有其目的性，即有其功能性。如果一个系统没有目的性，则该系统也就失去了存在的价值。系统的目的性决定了系统的功能与结构，不同目的有不同的结构与之相对应，即系统的功能是通过系统的结构来实现的。

集合性。系统是由多种元素组成的，各元素之间相互联系与相互制约，形成一个整体。这些元素组成一个集合，具有集合的特性。系统元素的区分是一个复杂而困难的事情，这主要是由系统的划分而确定的。在大系统中的一个元素可能是下一级系统中的多个元素的集合。同时元素的确定也与系统的目的与功能密切相关，特别是对于人工系统，这直接决定系统元素的个数与空间结构形式。

相关性。系统的组成元素是相互联系、相互制约、相互依存的。其集合性决定了系统元素的组成与范围，其相关性确定了其元素之间的关系。同时，相关性也决定了系统的功能与目的。没有相关性，众多元素也无法形成一个整体，体现系统的整体性。

层次性。系统作为一个多元素组成的有机整体，在空间结构上体现出一定的层次性，主要表现在系统的可分性。一个系统可无限地细分，其边界是由研究系统的功能与目的所决定的。这种分解的基本标志是子系统的目标与功能，不同的功能与目标产生不同的系统。各系统之间体现了明显的层次结构。

整体性。在系统中,一个元素具有独立的功能与空间结构,同时各元素间存在相互联系与相互制约,形成一个有机的整体,体现出整体的特性,即整体涌现性。如果各元素间不存在相互联系与制约,不可能形成一个整体,也不可能具有整体涌现性。整体涌现性,不是各个元素功能的叠加,有别于各个元素的功能与特性。整体性是系统研究的重要特性,从某种意义上说,是系统研究的核心。

环境适应性。任何一个系统都是存在于环境之中的,随着环境的变化,系统具有与环境相适应的特性,即随着环境的变化,系统在其结构与功能上也相应地发生变化以适应环境的变化。系统与环境间物质、能量、信息的交换是系统具有环境适应性的前提与条件。即开放系统具有环境适应性,封闭系统不具有环境适应性。

0.5.2.3　模糊综合评价方法

评价方法可分为绝对评价和相对评价两种,在实际应用中,往往把这两种方法结合起来使用,称为综合评价。目前对复杂系统进行评价时所采用的方法有的适用于绝对评价,有的适用于相对评价,而大部分则适用于综合评价,应结合实际问题具体分析。由于模糊综合评价方法,具有其他评价方法所不具有的特点,因此在许多领域中得到了广泛应用,取得了较为突出的成果。其特点主要表现在以下几个方面:一是提供的评价信息比其他方法丰富;二是对复杂对象进行评价;三是适用性强;四是模糊综合评价中的权数是可以调整的。对一个系统进行模糊综合评价,一般应遵循以下步骤:

(1)确定评价对象的因素论域

评价对象的因素论域即是所评价对象的评价指标集,假定一个评价系统存在 p 个评价指标,则论域 $u=\{u_1,u_2,\cdots,u_p\}$。

(2)确定评价对象的评价等级集合

一般评价问题,首先要确定其评价的等级,根据评价等级来判断其处于哪一个评价级别，进而采取相应的策略。一般评价等级可用集合来表示，令 $v=\{v_1, v_2, \cdots, v_m\}$ 表示评价对象的等级集合。

(3)进行单因素评价，建立模糊关系矩阵 R

建立模糊指标与评价等级间的模糊关系，就是确定其隶属度。对于一个评价指标体系，假定其评价指标为 $u_i(i=1,2,\cdots,p)$，首先建立单个因素的模糊隶属函数，在此基础上，根据实际指标值，利用隶属函数求出其隶属度，进而形成模糊关系矩阵 R：

$$R=\begin{bmatrix} r_{11} & r_{12} & \cdots & r_{1m} \\ r_{21} & r_{22} & \cdots & r_{2m} \\ \vdots & \vdots & \vdots & \vdots \\ r_{p1} & r_{p2} & \cdots & r_{pm} \end{bmatrix}_{p\times m} \tag{1-5}$$

矩阵 R 中的每一列代表一个评价指标隶属于不同评价等级的隶属度，共有 m 个评价指标，因此矩阵 R 共有 $p\times m$ 个元素。

(4)确定评价因素的权向量

由于评价因素代表的重要性不同，所起到的作用不同，因此对所评价的指标应赋予不同的权重，由评价指标权重所组成的向量，称为权重向量(A)。权重向量的确定一般采用层次分析来确定，或者采用打分方法来确定，确定出来的权重向量其代数和为1，即 $\sum_{i=1}^{p} a_i = 1, a_i \geqslant 0, i = 1,2,\cdots,p$ 。

(5)计算模糊综合评价向量

将权重向量与所评价对象的模糊关系矩阵 R 进行合成计算，得到所评价对象的综合模糊评价结果矩阵 B。即：

$$B=A\cdot R=(a_1,a_2,\cdots,a_p)\cdot \begin{bmatrix} r_{11} & r_{12} & \cdots & r_{1m} \\ r_{21} & r_{22} & \cdots & r_{2m} \\ \vdots & \vdots & \vdots & \vdots \\ r_{p1} & r_{p2} & \cdots & r_{pm} \end{bmatrix}$$

$$=(b_1,b_2,\cdots,b_m) \tag{1-6}$$

其中 $b_i(i=1,2,\cdots,m)$是由权重向量与模糊关系隶属度矩阵进行模糊运算计算得到的,通常的算子有∧,∨。

(6)分析模糊综合评价结果向量,对其对应的等级进行判断

在进行模糊评价结果分析时,常用的方法主要有最大隶属度方法、最大接近度方法、加权评价方法、模糊向量单值化等。

①最大隶属度方法

对于评价结果向量 $B=(b_1,b_2,\cdots,b_m)$,如果 $b_r=\max\limits_{1\leqslant k\leqslant m}\{b_k\}$,则所评价的对象属于 r 等级,这一方法简单易行,但在实际操作过程中,由于其丢失的信息量较大,故一般对其改进或变形后再使用,通常的做法是首先对上式进行变换,设:

$$\beta=\frac{\max\limits_{1\leqslant k\leqslant m}\{b_k\}}{\sum\limits_{k=1}^{m}b_k} \tag{0-7}$$

$$\gamma=\frac{\sec\limits_{1\leqslant k\leqslant m}\{b_k\}}{\sum\limits_{k=1}^{m}b_k} \tag{0-8}$$

其中,$\sec\limits_{1\leqslant k\leqslant m}\{b_k\}$表示 B 中的第二个大的量,β 和 γ 分别是 B 中最大量与第二个大分量占各分量总和的比例,得 $\beta\in[\frac{1}{m},1]$,$\gamma\in[0,\frac{1}{2}]$,再由 β 和 γ 的定义得:

$$\beta'=\frac{\beta-\frac{1}{m}}{1-\frac{1}{m}}=\frac{m\beta-1}{m-1} \tag{0-9}$$

$$\gamma'=\frac{\gamma-0}{\frac{1}{2}-0}=2\gamma \tag{0-10}$$

则 $\beta' \in [0,1]$，$\gamma' \in [0,1]$，再定义：

$$\alpha = \frac{\beta'}{\gamma'} = \frac{m\beta - 1}{2\gamma(m-1)} \tag{0-11}$$

可以证明，$\alpha \in [0, +\infty)$，α 越大，其隶属度就越高，因此可以用 α 来判断评价结果隶属于其所对应的评价等级。

②最大接近度方法

假定所评价对象的模糊综合评价结果为：

$$B = (b_1, b_2, \cdots, b_m)$$

其中，$b_k(k=1,2,\cdots,m)$为其所对应的第 v_k 个评价等级，则最大接近度方法判断步骤为：

首先计算出 $\sum_{k=1}^{s-1} b_k$ 和 $\sum_{k=s+1}^{m} b_k$。如果 $\sum_{k=1}^{s-1} b_k \leqslant \frac{1}{2}\sum_{k=1}^{m} b_k$，同时 $\sum_{k=s+1}^{m} b_k \leqslant \frac{1}{2}\sum_{k=1}^{m} b_k$，评价等级为 b_s 所对应的评价等级；如果 $\sum_{k=1}^{s-1} b_k \geqslant \frac{1}{2}\sum_{k=1}^{m} b_k$（或 $\sum_{k=s+1}^{m} b_k \geqslant \frac{1}{2}\sum_{k=1}^{m} b_k$），则评价等级按 b_{s-1}（或 b_{s+1}）所对应的评价等级。

③加权平均方法

加权平均方法的基本原理是将评价结果向量按一定顺序进行数量化，形成一个新的向量，这一新向量称为秩，用这一向量与评价结果进行下述计算：

$$N = \frac{\sum_{k=1}^{m} b_k^t \cdot k}{\sum_{k=1}^{m} b_k^t} \tag{0-12}$$

N 最大的所对应的位置，即是综合评价结果所对应的评价等级，可以证明，最大隶属度方法是加权平均方法的一个特例。

④模糊向量单值化

模糊向量单值化方法的原理与加权平均方法类似，即对所评价对象所对应的评价结果一般按由高到低分别对应一个不同的分值，且间距相等，则其评价结果和计算公式为：

$$c=\frac{\sum_{k=1}^{m}b_k^t c_k}{\sum_{k=1}^{m}b_k^t} \tag{0-13}$$

式(0-13)中，t 为待定系数($t=1$ 或 $t=2$)，目的是控制较大的 b_k 所起的作用。

第一章 厚煤层煤炭资源回收率提高途径分析

1.1 我国煤炭资源基本特征

我国具有工业价值的煤炭资源主要赋存在晚古生代的早石炭世到新生代第三纪。我国煤炭资源预测总量为5.06万亿t(北方至垂深2000m,南方至垂深1500m)。随着逐年开展地质勘探工作,煤炭累计探明储量不断增加,截止到1996年底,全国煤炭累计探明储量为10273亿t。

我国煤炭资源在地理分布中有如下特点:

1.1.1 分布广泛

在全国33个省级行政区划中,除上海和香港特别行政区外,都有不同质量和数量的煤炭资源,全国63%的县级行政区中都分布着煤炭资源,到1996年底,发现并做了不同程度地质勘探工作的煤矿区达5345处(未计台湾地区)。

1.1.2 西多东少,北多南少

在我国5.06万亿t煤炭资源总量中,分布在大兴安岭—太行山—雪峰山以西的晋、陕、蒙、宁、甘、青、新、川、渝、黔、滇、藏12个省的煤炭资源总量达4.50万亿t,占总量的89%;而该线以东的

20个省只有0.56万亿t,仅占全国的11%。分布在昆仑山—秦岭—大别山一线以北的京、津、冀、辽、吉、黑、鲁、苏、皖、沪、豫、晋、陕、宁、甘、青、新等18个省的煤炭资源量达4.74万亿t,占全国总量的93.6%;而该线以南的14个省只有0.32万亿t,仅占总量的6.4%。这种客观的地质条件形成的这种不均衡分布格局,决定了我国北煤南运、西煤东调的长期发展态势。

这种煤炭资源分布西多东少、北多南少的格局与我国地区的经济发达程度和水资源分布呈逆向关系,使煤炭基地远离了消费市场,煤炭资源中心远离了消费中心,加剧了远距离输送煤炭的压力。由于矿区水资源贫乏,必然给煤炭生产、加工、运输等带来一系列困难,同时大规模采矿活动和大用水量,必然要使本来就脆弱的生态环境进一步恶化,也给煤矿开采带来困难。

1.1.3 相对集中

我国煤炭资源除具有分布广泛,西多东少、北多南少的特点外,还有分布不平衡、某些地区相对集中的特点。在全国5.06亿t的煤炭资源总量中,新疆1.6万亿t、内蒙古1.2万亿t、山西0.68万亿t、陕西0.29万亿t、宁夏0.199万亿t、甘肃0.19万亿t、贵州0.186万亿t、河北0.115万亿t、河南0.114万亿t、安徽0.104万亿t、山东0.1万亿t。以上11个省、自治区具有资源总量4.778万亿t,占全国煤炭资源总量的94.4%。

在全国1005亿t的保有储量中,山西2578亿t、内蒙古2247亿t、陕西1619亿t、新疆952亿t、贵州524亿t、宁夏309亿t、安徽245亿t、云南242亿t、河南227亿t、山东227亿t、黑龙江218亿t、河北147亿t、甘肃102亿t。以上13个省、自治区共有9637亿t,占全国煤炭保有储量的96.1%。

1.1.4 优质动力煤丰富

我国煤炭种类齐全，从褐煤到无烟煤各个煤化阶段的煤都有赋存，能为各工业部门提供冶金、化工、动力等各种用途的煤源。但各煤类的数量不均衡，地区间的差别也很大。在1996年末的1万亿t保有储量中，各煤类的储量和所占比重如表1-1所示。

表1-1　各煤类的保有储量及所占比重

煤类 储量	炼焦用煤						非炼焦用煤									分类不明
	合计	气煤	肥煤	焦煤	瘦煤	未分类	合计	贫煤	无烟煤	弱黏煤	不黏煤	长焰煤	褐煤	天然焦煤	未分类	
储量(亿t)	2549	1036	458	598	403	54	7307	572	1156	170	1508	1617	1301	16	967	169
所占比重(%)	25.4	10.3	4.6	6.0	4.0	0.5	72.9	5.7	11.5	1.7	15.0	16.1	13.0	0.2	9.7	1.7

1.1.5 煤层埋藏较深，适于露天开采的储量很少

据第二次全国煤田预测结果，埋深在600m以上的预测煤炭资源量，占全国煤炭预测资源总量的26.8%，埋深为600～1000m的占20%，埋深为1000～1500m的占25.1%，埋深为1500～2000m的占28.1%。据对全国煤炭保有储量的粗略统计，煤层埋深小于300m的约占30%，埋深为300～600m的约占40%，埋深为600～1000m的约占30%。一般来说，京广铁路以西的煤田，煤层埋藏较浅，不少地方可以来用平峒或斜井开采，其中晋北、陕北、内蒙古、新疆和云南的少数煤田的部分地段，还可露天开采；京广铁路以东的煤田，煤层埋藏较深，特别是鲁西、苏北、皖北、豫东、冀南等地区，煤层多赋存在大平原之上，上覆新生界松散层多在200～400m，有的已达600m以上，建井困难，而且多需特殊凿井。与世界主要产煤国家比较而言，我国煤层埋藏较深。同时，由于沉积环境和成煤条件等多种地质因素的影响，我国多以薄及中厚煤层

为主，巨厚煤层很少。因此可以作为露天开采的储量甚微。

露天开采具有效率高、成本低、生产安全、经济效益好等待点。然而，我国露天采煤发展缓慢，新中国成立60多年来，产量比重一直在10%以下，多数年份在5%以下，近年来只占3%～4%；而世界上开采条件好的国家，露天开采比重在50%以上，开采条件差的国家，也都超过了10%。我国露天开采比重太低，究其原因是煤层赋存条件所决定的。

1.1.6　共生、伴生矿产种类多，资源丰富

我国含煤地层和煤层中的共生、伴生矿产种类很多。含煤地层中有高岭岩（土）、耐火黏土、铝土矿、膨润土、硅藻土、油页岩、石墨、硫铁矿、石膏、硬石膏、石英砂岩和煤层气等；煤层中除有煤层气（瓦斯）外，还有镓、锗、钠、钍、钒等微量元素和稀土金属元素；地层的基底和盖层中有石灰岩、大理岩、岩盐、矿泉水和泥炭等，共30多种，分布广泛，储量丰富。有些矿种还是我国的优势资源。

我国煤炭开发企业以开采煤炭为主，因此对其共生、伴生的矿产资源研究得不多，开发利用很少。近年来虽然已开始重视，但终因起步晚，基础差，目前仅对常见矿产进行部分开发，而且开采出来的矿石多处于粗加工阶段，离市场要求的高纯、超细、超白、改性、活化等目标相差甚远。煤矿开发利用共生、伴生矿产资源的条件十分优越。因为不少有益矿产都是以煤层夹矸或顶、底板出现的，有的虽然单独成层存在，但距煤层很近，利用采煤的技术和设备，略加改造生产和运输系统，就可以随着采煤附带或单独开采出来。这不但可以节省大量投资，充分利用矿产资源，而且可以延长煤矿的服务年限，是一项利国、利民、利矿的事业。因此所有的煤炭开发企业都必须研究分析本矿区的资源特点，有条件的应加快开发利用步伐，走以煤为本，综合开发，多矿种经营的路子，这是提高煤矿经济效益的必由之路。

1.1.7 煤矿开采条件差

我国煤矿的地质条件复杂，开采条件较差，在世界上产煤国家中属中等偏下，露天开采量不到总量的5%，矿井平均开采深度超过400m，最深达1160m，国有重点煤矿高瓦斯和瓦斯突出的矿井占48%，有自燃发火危险的矿井占57.6%，有粉尘爆炸危险的矿井占88.1%。同时我国煤矿的煤岩赋存条件也给高效安全开采带来困难，如薄煤层比例较大，煤层软、顶板软、底板软煤层较多，部分坚硬顶板煤层，地质构造多，煤层的连续性差，大倾角煤层比例较大，受到底板水、顶板水的威胁等。

1.2 我国煤炭资源开采现状

我国煤矿开采属多种所有制共存，技术装备、管理水平参差不齐，既有世界先进采煤工艺与装备的现代化矿井，也有近乎原始开采的小煤窑，国有重点煤矿的装备和技术水平好些，但国有重点煤矿的煤炭产量仅占一半左右。我国近些年各类煤矿煤炭产量的结构变化如表1-2所示。近几年来，煤矿企业重组，严格审查与关闭不合格的小煤窑等，使国有重点煤矿的产量比重有所上升，目前基本维持在一半左右。

表1-2　我国近些年各类煤矿煤炭产量的结构变化

年度产煤量百分比/% 年份	国有重点煤矿	国有地方煤矿	乡镇煤矿
1995	35.4	15.7	48.9
1996	39.1	16.1	44.8

续表

年份＼年度产煤量百分比/%	国有重点煤矿	国有地方煤矿	乡镇煤矿
1997	39.9	17.1	43.0
1998	40.8	16.9	42.3
1999	42.0	17.5	40.5
2000	42.3	16.1	41.6
2001	56.8	20.6	22.6
2002	51.1	18.9	30.0
2003	48.5	16.9	34.6
2004	47.0	15.1	37.9
2005	49.3	13.5	37.2
2006	49.0	13.4	37.6
2007	49.6	13.0	37.4
2008	50.5	12.4	37.1
2009	53.8	12.9	32.3

随着经济的快速增长，近些年来我国的煤炭产量呈现强劲的增长趋势。2003 年产量达 18 亿 t，2004 年达 20 亿 t，2008 年达 28 亿 t。而且对煤炭的需求也将急剧增加。到 2020 年，对煤炭的需求将达到 30 亿 t 以上，将是 2000 年的 3 倍。2020 年，我国人均能源消费将由 2000 年的约 1.0t 标煤，增加到 3.0t 标煤左右。这种对煤炭急剧增长的需求，也给煤炭资源的开采带来了巨大压力，尤其是关闭大量小煤矿后，国有重点煤矿的产量与安全压力很大。

我国的煤矿开采为国家提供了 70％的能源，为 900 万人提供了就业岗位。在开采条件复杂多变、国家整体投入不足、总体装备水平低下、作业条件艰苦的情况下，煤矿企业提供了国家能源的基石，有力地保障了国家经济的高速增长，为国家经济建设、税收收入和提高人民的生活质量做出了巨大贡献，甚至不惜以牺牲行业的利益和从业人员的待遇为代价，默默支持国家经济建设，反映了煤矿行业高风亮节、顾大局、吃苦耐劳的高尚品格。

我国的煤矿开采技术与装备自从 1949 年以来逐渐进步，1949 年以前的煤矿开采几乎都是落后的手工操作，没有什么机械化。20 世纪 50 年代后，我国开始研制和应用采煤机，1964 年研制成功 MLQ-64 型浅截深单滚筒采煤机，与 SGW-44 型可弯曲刮板输送机配套，采用金属摩擦支柱和金属铰接顶梁，形成了基础的普通机械化采煤工艺。1978 年后，研制了单体液压支柱与双滚筒采煤机和 150 型刮板输送机配套，形成了第二代普通机械化采煤工艺(高档普采)。1988 年后，无链牵引采煤机和大功率刮板输送机、单体液压支柱等设备配套形成了第三代普采工艺(又称新高档普采)。

自 1954 年世界上第一个综合机械化采煤工作面在英国问世以来，延续多年的普通机械化采煤也进入了新的历史阶段，并发展成为各先进采煤国的主导采煤技术。我国的综合机械化采煤技术起步于 20 世纪 70 年代。1970 年，我国研制的第一套综采设备在大同矿务局投入工作性试验。在 1973 年和 1978 年，两次大批量引进国外综采成套设备 143 套。20 世纪 80 年代，我国综合机械化采煤技术逐步成熟，进入全面推广应用阶段。近 30 年来，我国在机械化采煤装备、工艺及相关技术的研究和开发工作上做了大量科研工作，形成了适用于我国不同层次和范围的采煤综合机械化装备的技术。目前我国国有重点煤矿采煤机械化程度达到 78%，综采程度达 63%。在厚煤层开采方面，我国高效机械化基本上只有两条道路：一条是成套引进国外先进设备，另一条是采用国产设备进行放顶煤开采工艺。这两条路都达到了工作面年产

600 万 t,甚至上千万吨的水平。

近年来,厚煤层开采设备国产化进程迅速,尤其是大采高和放顶煤开采的液压支架,基本上实现了国产化,工作面能力也达到了千万吨以上水平。

然而,我国除了世界上先进的采煤装备,国有重点煤矿的机械化程度较高外,我国地方国有煤矿和乡镇、个体煤矿的机械化程度仍然较低,尤其是占全国总产量 30%的乡镇、个体煤矿,机械化程度几乎为零。这也是我国煤矿开采技术的现状,多种所有制并存,先进和落后的生产工艺并存,安全高效的现代化矿井与事故率极高的落后小煤井并存。这种现状也必然带来我国煤矿开采的一些特点与问题。

(1)机械化程度低。虽然我国国有重点煤矿的机械化程度较高,达 78%,其中综采程度达 63%,但与国内外先进采煤国家相比,仍然处于落后状态。

各类煤矿的装备和技术水平差异很大。考虑到地方国有煤矿和乡镇、个体煤矿,则整个煤矿行业的机械化程度很低,地方国有煤矿的机械化程度只有 25%,乡镇、个体煤矿的机械化程度几乎为零。这必然导致井下用人多,劳动强度大,这也是我国煤矿事故死亡率高的主要原因之一。

(2)安全生产形势严峻。我国煤矿的安全状况差有多种原因,如地下开采的比率高达 95%以上,地质条件复杂,高瓦斯且突出矿井比例大,乡镇、个体煤矿多(达 2 万处,占总产量的 30%)等。近 20 年来,我国的煤矿安全状况虽然明显改善,但是煤矿事故死亡率仍是世界上最高的国家之一。1980～2002 年,我国煤矿事故死亡率从 8.17 人/百万 t 降到 4.63 人/百万 t,其中国有重点煤矿从 4.53 人/百万 t 降到 1.26 人/百万 t。顶板和瓦斯是我国最大的两种煤矿事故,2002 年顶板和瓦斯事故占全国煤矿事故死亡人数的 73%。乡镇煤矿数量多和防灾能力弱是中国煤矿事故居高不下的主要原因,2002 年全国各类煤矿事故起数和死亡人数中,乡镇、个体煤矿分别占 69%和 70%。近年来,煤矿的死亡人数虽然大幅度减少,每年在 4000 人以内,甚至在 3000 人以下,但是乡镇、个体煤矿仍然是煤矿死亡事故的主体,事故起数和死亡人数仍处于 70%左右。

(3)资源回收率低。煤炭作为国家不可再生的、主体的能源,虽然目前尚有 5 万亿 t 的资源预测总量,但实际的保有储量仅为 1 万亿 t;而且近年来,煤炭资源过度开采,各种开采方式并存,加之赋存条件复杂、企业的现实利益等,也造成了资源的大量浪费。据估计,全国煤矿的煤炭资源回收率总体不足 50%,而且乡镇、个体煤矿的不足 30%。低的资源回收率大大缩短了矿井的服务年限,浪费了大量宝贵的煤炭资源。

(4)管理和技术人才短缺。由于煤矿企业长期以来待遇差、工作条件艰苦,加之 20 世纪 90 年代中后期对煤炭能源认识不足、宣传失实,对煤矿形象的误解,原煤炭高校的定位纷纷偏离煤炭行业,导致煤矿企业长期以来缺少人才补充。许多国有重点煤矿近 10 年来就没有补充过大学本科毕业生,原有技术人才又纷纷辞职,致使煤矿企业人才奇缺。这必然影响企业的技术进步与科学管理,使煤矿企业的思想认识、管理水平、技术水平等在一种粗放型的平台上徘徊。地方国有煤矿、乡镇煤矿、个体煤矿的人才更是短缺。人才的短缺必将对煤矿的生产、安全、技术进步、思想观念、文化意识等产生严重的不利影响。

1.3 我国厚煤层开采的主要方法

在我国现有煤炭储量和产量中,厚煤层(厚度＞3.5m)的产量和储量均占 45%左右,而且厚煤层是我国实现高产高效开采的主力煤层，具有资源储量优势，由于其煤层厚度大，对其开采可以有多种方法进行选择。随着煤炭市场的好转和高产高效开采的迫切需要，放顶煤开采和大采高开采技术得到了快速发展和广泛应用。然而，煤炭开采与具体的地质条件、开采条件等有密切关系，因此厚煤层开采要根据煤层条件和技术条件等采用合适的开采方法，并且随着开采煤层厚度和开采强度的增加，还会出现许多迫切需要解决的新课题，如提高煤炭资源回收率、支架合理选型、瓦斯运移规律与防治技术等。

1.3.1　厚煤层开采的主要方法

1.3.1.1　分层开采

在 20 世纪 80 年代以前，厚煤层主要以分层开采为主，即平行于厚煤层面将厚煤层分为若干个 2～3m 的分层自上而下逐层开采，个别也有自下而上逐层开采的。

当自上而下逐层开采时，上一分层开采后，下一分层是在上分层垮落的顶板下进行，为确保下分层回采安全，上分层必须铺设人工"假顶"或形成再生顶板。目前多采用在分层间铺设金属网，作为下一分层开采的"假顶"，下分层开采在"假顶"保护下作业，称为下行分层开采。有的矿区为了进行地面保护，或在特易自燃的特厚煤层条件下采用了上行充填开采，如水砂充填、风力充填等，称为上行分层开采。

分层开采的技术相对成熟，是我国长期应用的一种采煤方法。具有设备投资少，一次采高小，瓦斯治理技术相对成熟，上覆岩层及地表可以实现缓慢下沉等优点。但分层开采同样也有一些缺点，如巷道掘进率高、产量低、开采成本高、下分层巷道支护难度大、区段煤柱损失大、采空区反复扰动、易引起采空区自燃等。由于分层开采存在上述不足之处，我国从 20 世纪 80 年代中期开始研究和应用厚煤层放顶煤开采技术，并取得了举世瞩目的成绩。

1.3.1.2 放顶煤开采

放顶煤开采的实质就是在厚煤层底部布置一个采高 2～3m 的长壁工作面。近年来，在一些特厚煤层中，开始应用机采高度达 3.5～4.5m 的放顶煤技术。用常规方法进行开采，利用矿山压力作用或辅以松动预爆破等方法，使支架上方的顶煤破碎成散体后，由支架尾部的放煤口放出，经由工作面后部刮板输送机将放出的顶煤运出工作面。

按机械化程度和使用的支护设备，可将放顶煤开采技术分为综采放顶煤和简易放顶煤两大类。简易放顶煤指用滑移顶梁液压支架铺顶网放顶煤、单体液压支柱配Ⅱ型顶梁铺顶网放顶煤等实用技术。由于简易放顶煤对顶板(煤)控制不好，支架工作阻力和初撑力难以达到要求，易产生顶板事故，因此应尽量不采用这种放顶煤技术。综采放顶煤是指综合机械化放顶煤开采技术。

放顶煤开采的工艺特点决定了该方法具有巷道掘进率低、投资少、开采成本低、产量大、效率高等优点，但该工艺对煤层硬度和裂隙发育程度要求较高，既要求顶煤能自行破碎成适宜放出的块度，又由于产量高、一次采高大、工作面的瓦斯绝对涌出量较大，采空区残留一定浮煤，给瓦斯治理、采空区防火、地面突然下沉等工作带来一定困难。

1.3.1.3 大采高开采

近年来，随着国内外煤机制造业技术的进步，尤其是国内煤机设计与制造等技术的迅速进步，以及煤炭企业经济形势逐渐好转等，大采高开采方法逐渐得到推广应用。根据 MT550-1996《大采高支架技术条件》规定，最大采高大于或等于 3800mm，用于一次采全高工作面的液压支架称为大采高液压支架，对应的回采工作面称为大采高工作面。

我国从 20 世纪 80 年代开始，在引进国外设备的基础上研制了适应我国煤矿地质条件的一系列产品，并进行了工业性试验和实际生产，取得了一定的经验。到目前为止，大采高一次采全厚采煤法已在我国多个矿区得到应用，并取得了可喜的成绩，如神东矿区、晋城矿区、邢台矿区、大同矿区等。随着开采及相关技术的进步，大采高开采方法会得到进一步的推广应用。

大采高综采工作面的特点是支架高度大、采煤机功率大、需安装强力刮板输送机和相应的大型巷道及辅助设备，其一次性投资较大，对井型及井下巷道、硐室的尺寸要求较大，但具有产量大、效率高、适用于集中生产、井下布置简单等特点。

目前我国厚煤层开采中上述三种方法均有所应用，其中在20世纪80年代中期以前，我国的厚煤层开采是以分层开采为主，主要的开采技术、开采装备、开采理论都是针对分层开采而言的，这也使我国长壁分层开采的综合技术在世界处于先进水平。20世纪80年代中期以后，我国开始了放顶煤开采方法的研究和应用。1984年先在沈阳蒲河煤矿开始综采放顶煤工业试验。自此以后，由于放顶煤开采技术自身的优点以及煤矿企业当时经济条件的制约，降低成本、提高产量和开采效益成为当时煤炭企业主要的战略思路，因此放顶煤开采技术在20世纪80年代后期至21世纪初得到了迅速发展。在其发展过程中，相应的理论与技术问题也得到了有效解决，使我国的综合机械化放顶煤开采技术在世界处于领先水平。大采高开采方法真正得到广泛的认可和利用是近十年的事情，早期由于支架、采煤机等技术与制造业的制约，加之大采高工作面投资大，使得这一方法的推广遇到一定难度。近年来，随着相关技术的解决以及相关设备的国产化进程加快，以及煤矿企业经济效益好转，大采高一次采全厚方法得到了快速发展。神东矿区已采用了郑州煤机厂最大支撑高度为6.3m的支架，而且目前计划研制与使用最大支撑高度为7.0m、支护阻力达10000kN以上的支架，这标志着我国在大采高开采技术方面也处于国际领先水平。

1.3.2 厚煤层开采急需解决的主要问题

厚煤层开采的效益好，可使用的方法也相对较多，无论采用哪一种方法进行开采，都可获得较好的经济效益。在20世纪80年代初期以前，原煤层开采的主要方法是分层开采，但是到了20世纪90年代中期后，由于放顶煤开采的效益好，产量高，在某些矿区试验成功后，全国迅速推广放顶煤开采方法。近年来，由于大采高开采技术装备的逐渐成熟，全国又迅速推广大采高方法，这就使得从表面上看，厚煤层开采经历了分层开采、放顶煤开采、大采高开采三个阶段，似乎从技术等级上也是由普通的分层开采，经历放顶煤开采到高技术的大采高开采，但事实上并非如此。从厚煤层开采的沿革而言，经历了由分层开采、放顶煤开采、大采高开采三个阶段，但是我们不能简单地说这三种方法具有从低级到高级的关系，而是针对不同条件而采取的不同方法。有些条件下，需要采取多种方法的综合。如在我国新疆等地，存在许多厚度达30～50m的煤层，对于该类煤层，显然简单地采用一种方法不尽合理，若井型条件允许，采用分层大采高放顶煤开采，则是一种首选方法。因此，根据具体煤层条件选用合适的开采方法，做到与环境协调发展，使煤炭资源回收率和开采效益最大化是当前我国厚煤层开采中面临的主要问题。在放顶煤开采的高潮期，个别条件不适宜放顶煤开采的矿井也应用了放顶煤技术，使得资源回收率和开采效益不尽如人意。目前，在大采高开采技术比较成熟的条件下，许多矿井都在创造条件应用大采高开采方法，也可能最后发现有些条件不适宜应用大采高技术。因此针对具体煤层条件和企业的经济实力选择合适的开采方法尤其重要。

一般而言，对于井型较小、煤层瓦斯灾害严重、煤层硬度较小、地面需要缓慢下沉的矿井，应用分层开采仍然是合适的开采方法。对于瓦斯较小或者瓦斯可以得到有效治理、煤层硬度较小、厚度为

6～15m的煤层，采用放顶煤开采方法则是较好的选择。对于煤层厚度为4～7m、煤层硬度较大、工作面生产能力要求较大的煤层，采用大采高开采则是较好的方法。对于许多特厚煤层，如厚度在10m以上，甚至达到30m或者50m时，可以综合应用上述几种方法。其实，对于许多巨厚煤层，在埋深等条件允许时，也可以考虑采用露天开采方法。在厚煤层开采过程中，目前急需解决如下一些问题：

1.3.2.1　提高煤炭资源回收率

厚煤层的储量与厚度优势，为实现高产高效提供了基础条件，但同时也由于煤层厚度大，很难有一种方法正好开采煤层的全厚，这使厚煤层开采造成了较多的煤炭损失。

厚度损失。无论是分层开采，还是大采高开采，往往很难干净地采出煤层的全厚。分层开采中各分层的划分，层间的煤皮留设等都会导致一些煤层厚度上的损失；大采高开采时，开采高度很难正好与煤层厚度相符，加之开采过程中，煤壁片帮与端面漏冒以及操作不熟练等，往往会人为地降低工作面采高，加快推进速度和提高产量，客观上造成了煤层的厚度损失。当煤层厚度变化较大或顶底板不平时，更易造成煤层厚度损失。

放煤工艺损失。放煤工艺损失是放顶煤开采煤炭损失的主要来源，主要表现在初末采不放煤、工作面两端不放煤和正常开采时的放煤损失。其中初末采和工作面两端的顶煤损失目前还较难解决，尤其是工作面两端的顶煤损失更难有效解决。正常开采中的放煤工艺损失，可以通过合理的放煤工艺与参数适当减少，但是也很难大幅度地减少。这主要与顶煤流动性及顶煤厚度有关，因此研究确定哪类煤岩条件适合于放顶煤开采和放顶煤开采的合适顶煤厚度是很重要的。其实放煤过程中顶煤回收率主要与顶煤流动性、顶煤厚度、放煤步距、放煤工艺及顶板条件等有关。

区段煤柱损失。区段煤柱损失是厚煤层开采中煤炭损失的重要组成部分。分层开采中，由于上下分层区段巷道布置与支护等原因，往往会留设较大的煤柱，回收这部分煤柱资源具有重要意义。放顶煤与大采高开采同样会遇到煤柱留设及区段巷道支护问题，无论是放顶煤还是大采高开采，都会形成全煤巷道，这就给巷道支护带来了困难。无煤柱或小煤柱护巷在理论上具有一定的道理，但在实际应用中，尤其是工作面回采过程中，巷道变形量大，维护困难。解决区段煤柱损失的途径除了减小区段煤柱宽度、进行科学支护外，增加工作面长度也是可行的方法之一。

1.3.2.2　架型确定

近年来，随着新井开发，尤其是西部煤炭资源的开发，厚及特厚煤层开采遇到了前所未有的难题。一次采高大，放顶煤开采时，顶煤厚度大，这给支架选型带来了新的难题。以前的顶板压力计算和经验主要是依据分层开采的顶分层条件提出的。在一次采高显著增大后，顶板压力、支架工作阻力确定没有可靠的理论可以采用，目前主要采用经验类比法，摸索着设计支架。在以往放顶煤开采阶段总结出来的一些经验现在也遇到了挑战，比如放顶煤开采顶板压力不大于类似条件顶层开采的顶板压力等现在也遇到了一些反例，对于特厚煤层，随着一次采高增大，无论是放顶煤开采还是大采高开采，工作面顶板压力均大幅度增加。

浅埋深厚煤层开采条件下，支架架型确定更没有相应的理论指导，而且这种条件下还发生了多起压架事故。一般情况下，浅埋深厚煤层开采，顶板破断后，会波及地表，不易形成结构，这使上覆岩层及松散层的质量都需要支架来承担，从而极大地增加了支架的载荷。

1.3.2.3　瓦斯防治技术

厚煤层尤其是特厚煤层一次采全高开采，给瓦斯防治带来了许多新的问题，许多低瓦斯含量的特厚煤层开采由于开采强度大、出煤集中、煤岩卸压范围大，也会时常导致工作面瓦斯超限。因此，对于持厚煤层一次采全高开采，要加强瓦斯涌出规律和防治技术研究。特厚煤层一次采全高，采空区空间大，顶板活动剧烈，会周期性地压出采空区的瓦斯等有害气体，这给瓦斯等有害气体的防治带来了困难。另外，由于工作面高度大，容易向采空区漏风，尤其是工作面端头漏风现象较严重，易引起采空区浮煤自燃等。

1.4　煤炭回收率影响因素分析

自 2004 年以来，由于经济的快速发展，我国所需要的煤炭总量不断增加，但相应的煤炭回收率并没有增加，煤炭资源损失严重，煤炭采出率仅达到世界发达国家的 70%～80%。造成煤炭采出率低的原因是多方面的，既有采煤方法的选择、设计、工作面机械化水平、管理水平等因素的影响，也与我国现行的煤炭采出率的标准规定有关。

1.4.1　我国现行煤炭采出率标准分析

在不同的经济发展时期，我国政府制定了不同的煤炭采出率标准。其中比较重要的有：

(1)1998 年 3 月，由煤炭部颁布的《生产矿井煤炭资源回采率暂行管理办法》中规定："设计能力 9 万吨/年以上煤矿矿井的采区回采率，执行以下标准：薄煤层不低于 85%；中厚煤层不低于 80%；厚煤层不低于 75%；水力采煤不低于 70%。设计能力 9 万吨/年以下 3 万吨/年以上煤矿矿井的采区回采率，不低于 65%；设计能力小于 3 万吨/年的煤矿矿井，采区回采率不低于 50%。"

(2)2006 年 1 月 1 日开始执行的《煤炭工业矿井设计规范》中规定的矿井采区采出率为：厚煤层不应小于 75%；中厚煤层不应小于 80%；薄煤层不应小于 85%。水力采煤的采区采出率，厚煤层、中厚煤层、薄煤层分别不应小于70%、75%和80%。

可以看出，目前我国颁布的煤炭采出率标准，主要是依据煤层厚度制定的。而实际上，煤炭采出率既是衡量其采掘效果的重要指标，也是衡量煤矿采煤工作的综合性指标，许多因素都能影响煤炭采出率。例如，煤炭采出率会受到煤层倾角、顶底板状况等地质因素的影响。而现行的采出率标准没有对这些因素的影响予以分析，不能根据具体的地质赋存条件准确确定采出率标准。这会导致核算开采采出率产生偏差，也无法准确解释实际开采采出率偏高或偏低的现象。采出率标准不合理，就不能准确测算数据，并会给监管过程留下漏洞。以此为据进行奖惩，不能实现有效约束和激励，甚至会挫伤煤炭企业提高采出率的积极性，亦或导致大量煤炭资源无谓浪费。

1.4.2 不同阶段的煤炭损失

若要确定准确的采出率标准，就必须分析影响采出率水平的因素。而要准确界定煤炭采出率的影响因素，必须分析煤矿生产过程中的各种煤炭损失，以及导致这些损失的原因。

总体上看，煤矿开采过程中产生的煤炭损失可分为三类：一是面积损失量；二是厚度损失量；三是落煤损失。而在不同的阶段，产生煤炭损失的原因也不同，归纳如下：

1.4.2.1 地质勘探和矿井设计阶段发生的煤炭损失

矿井设计阶段包括煤层地质勘探、划分井田边界、设计建井方案、进行采区设计等工作。此阶段发生的煤炭损失主要有：正常的设计损失量，如维护巷道所必需设置的永久性保护煤柱、三下采煤和建筑物上采煤所产生的设计压煤、由于地质构造而产生的永久性保护煤柱等；设计方案不合理而造成的损失，如建井方案不合理导致的面积损失、工业广场布局分散致使压煤量增加、采区设计不合理导致边角煤增多等；地质勘探报告存在偏差而产生的面积损失,如对煤层赋存情况勘探不充分致使将可采储量错误地确定为不可采储量等。

这三类损失中,第一类是受限于地质、开采技术因素而产生的正常损失;第二、三类是由于人为因素而造成的非正常损失。正常损失难以避免,而非正常损失则可通过加强管理、改进技术、采用先进设备等方法来加以避免。

需要注意的是:保护煤柱产生的损失量非常巨大。但是,考虑到安全、技术等因素,又必须留置一定的保护煤柱。因此,必须加强矿井设计阶段的管理工作,努力提高设计方案的科学性,在保障安全的前提下,尽量减少保护煤柱损失量。

另外,由于地质勘探报告和设计方案是矿井建设的基础,所以设计损失一旦发生就难以补救,而且难以追究相应责任。因此,必须加强勘探和矿井设计的管理工作,准确勘探煤层及地质情况,科学设计建井方案和采区布置方案,从源头上减少煤损失。

1.4.2.2　采区准备阶段产生的煤炭损失

采区准备阶段的主要工作是采区巷道的掘进及维护,在这些工作中,可能产生的煤炭损失有:采区巷道的永久性保护煤柱;由于开掘采区巷道而实际发生的煤炭损失,如在掘进煤层上山或煤层下山时由于煤层厚度等因素而产生的厚度损失;由于不正确的掘进而实际产生的煤炭损失,如错误操作导致冒顶、透水等事故所产生的煤炭损失。

在这三类损失中,第一类属于正常损失;第二类损失中有正常和非正常损失;第三类则是由于人为因素而造成的非正常损失。

1.4.2.3　煤炭开采阶段产生的煤炭损失

从工作面切眼至停采线的回采过程中,可能产生的煤炭损失包括:地质因素造成的损失,如因煤厚、顶底板稳定性差等原因造成的厚度损失,及采用跳采方法处理采煤过程中遇到的断层、褶皱等地质构造时产生的面积损失等;采煤过程中发生的落煤损失;与采煤技术和采煤设备相关的煤炭损失，如采用放顶煤技术进行开采时产生的煤炭损失；由于采煤设备选用不当产生的煤炭损失，如因受采煤设备限制无法一次采全高而丢掉的顶底煤；不正确开采造成的损失，如因违规操作引起冒顶事故产生的面积损失、因采煤机司机操作不熟练而产生的厚度损失、未到终采线就终止回采而造成的面积损失等。

上述各种煤炭损失中，因地质因素所引发的损失，基本属于正常损失；因技术、设备、人为因素产生的损失，均属于非正常损失。

1.4.3 影响煤炭采出率的因素

基于上述煤炭损失分析，将影响煤炭采出率的因素分为三类：煤层赋存及地质条件因素、采煤方法因素、管理因素。

1.4.3.1 煤层赋存及地质条件因素

煤层赋存是煤炭资源的自然存在状态。煤层赋存条件是决定煤炭采出率高低的首要因素，直接决定了开采的难易程度，并会影响回采工艺、市场需求、煤炭消费等各种因素。

影响煤炭采出率的地质因素可归纳如下：

煤层厚度。受限于采煤技术和设备，煤层越厚，采出率越低。

煤层的稳定性。煤层厚度变化较大，经常出现煤层变薄、尖灭的现象，就会降低采出率。

煤层倾角。煤层倾角对工作面布置方式和顶底板的支护产生影响。一般地，煤层倾角越大，采出率越低。

顶底板稳定程度。顶底板越不稳定，就需要留置护顶或护底煤，产生的损失越大，采出率越低。

煤层深度。煤层埋藏越深，产生的矿压越大，开采难度越大，采出率越低。

煤质结构。块状结构的煤炭资源损失较少，而粉末状的煤炭损失量较大。

地质构造。煤田的地质构造越复杂、越不稳定，开采的难度越大，采出率越低。

1.4.3.2　采煤方法因素

采煤方法包括开采方法、回采工艺、工作面布置方式等因素。

开采方法对采出率的影响。井工开采是我国普遍使用的采煤方法。按照回采工艺和开采设备的不同，井工开采又分为炮采、普采、高档普采、综采、水力采煤等。总体上看，开采方法越先进，采出率越高。如比较落后的炮采，其落煤损失很大，采出率非常低。由于水力采煤技术还不成熟，其采出率较低。煤层的赋存条件决定了露天开采具有高采出率，一般能达到90%以上。

回采工艺对采出率的影响。总体上看，回采工艺越成熟，采出率越高。在我国，长壁采煤方法是应用范围较广、时间较长的一种采煤方法，其又分为单一长壁采煤法(一次采全高)、倾斜分层采煤法等。我国倾斜分层采煤工艺尤为成熟，其采出率比放顶煤工艺要高10%左右。放顶煤开采产生的采出率差别较大，但整体上低于倾斜分层采煤工艺。房柱式采煤要预留大量的支撑煤柱，因此，其采出率相当低，最高仅达50%～60%，回收煤柱时可以提高到70%～75%。

1.4.3.3　管理因素

管理因素既包括煤炭企业内部开展的煤炭采出率管理工作，也包括上级管理部门对煤炭企业采出率的监管工作。

员工素质对煤炭采出率的影响。采煤工作是一项具有危险性且专业性较强的工作，所有员工都要具备较高的专业素质。一方面，要端正工作态度，从地质勘探、采区设计、布置巷道，到工作面现场开采，每一个职工都要具备吃苦耐劳的精神和一丝不苟的工作态度；另一方面，专业人员要熟练掌握专业技能，只有熟练掌握专业技能的工人，才能灵活处理采煤工作中出现的一些问题，以避免危险，减少浪费。

煤矿企业应从两个方面提高员工素质：加强员工的素质培训工作，建立科学的培训体系，持续培训员工的专业技能，以减少误操作带来的煤炭损失；建立健全考核制度，以考核促进培训。

监管工作对煤炭采出率的影响。现实中，提高采出率往往会增加生产成本，因而会阻碍煤炭企业选择高采出率的开采方案。这就需要加强煤炭采出率的监管工作，通过权力干涉提高采出率。首先，无论是煤炭企业内部，还是上级主管部门，都要形成科学的煤炭采出率核算方法和核算制度。其次，煤炭企业内部要成立专项管理部门，并要明确各部门的任务和责任。最后，要形成公正的奖惩制度，通过奖优惩劣减少人为因素产生的浪费。具体影响煤炭采出率的因素如表 1-3 所示。

表 1-3　　煤炭采出率的影响因素

一级分类	二级分类	具体指标
地质赋存因素	地质水文构造	断层、褶皱、岩浆侵入、冲刷带、水文
	顶底板条件	顶板条件、底板条件
	煤层赋存条件	煤层厚度、煤层倾角、煤层稳定性、煤质含矸率、采深、煤炭块度
回采方法因素	采煤工艺因素	炮采、普采(高档普采)、综采、水力采煤
	采煤方法因素	长壁采煤法、放顶煤采煤法、房柱式采煤法、露天开采
管理因素	制度因素	专业组织建设情况、采出率核算制度、采出率奖惩制度
	人员素质因素	员工专业技能熟练程度、考核合格率

1.4.4　提高煤炭资源回收率的管理途径

1.4.4.1　要在规划的基础上科学编制煤炭矿业权设置方案

与其他矿产相比，我国煤炭地质工作的程度相对较高，陆域范围内几个主要成煤期和重要的聚煤盆地都比较清楚。应在充分论证煤炭产业中长期发展规划基础上，由国土资源部负责，做好编制煤炭矿业权设置方案的工作，把煤炭矿业权的设置方案作为一定时期内国家向市场投放煤炭资源的数量及实现煤炭生产力宏观调控的基础，作为矿山企业合理布局的依据。同时，应建立煤炭资源储备制度，保持资源供给与需求的平衡，对稀缺煤种和大规模集中产地实现保护性开采。

1.4.4.2　严格规范煤矿矿业权的管理，提高煤炭资源回采率应与规范煤炭矿业权的管理工作联系起来

要清理并纠正越权发证的行为，纠正不规范的矿业权管理程序和行为。省级国土资源主管部门不得越权审批矿权。在分割大型矿床、矿产地以设立矿业权时，应实行会审制度，严格管理。市、县人民政府不得在法定的审批程序之外增设其他“环节”，不得以招商引资或其他理由自设煤炭矿业权，不得以任何理由阻挠部、省两级国土资源主管部门行使煤炭矿业权的设立和审批。

1.4.4.3　全面推进煤炭资源的有偿出让制度

对拟出让的煤炭矿业权，坚持以招、拍、挂等方式全面实行竞争性有偿出让，做到公开、公平、公正。对现今仍无偿占有的煤炭采矿权，要予以评估，分步进行采矿权价款的处置。对允许以非竞争性方式协议出让的少数采矿权，其采矿权价款应通过中介机构的评估，不得低于市场价。推行煤炭资源有偿出让制度的过程中，还应注意相关制度的建设和完善。目前，我国煤炭采矿权出让收取的采矿权价款，多以非财政预算内收入进入了省级财政，中央财政基本上没有得到，由此推动了一些地方政府大肆出让煤炭采矿

权。这不仅造成了国家财产权益的流失，也对国家调整地方财政预算、控制基建规模产生了不良影响。因此，要严格执行国家规定的采矿权价款比例分配制度和出让金使用办法。

1.4.4.4　严格煤炭开发准入制度

煤炭资源开发给人们带来了巨大的经济利益，越来越多的企业和个人都力图进入这个领域。国土资源管理部门应设立严格的煤炭开发准入制度，提高准入门槛。建立严格的煤炭矿业权审批登记制度及辅助的专家会审制度，严格审查采矿权申请人的资质、资信，设计或开发利用方案，如储量规模与设计生产能力、服务年限的配适性，专业技术人员状况，设计回采率是否达到国家规定的标准，以及开采方法、工艺技术、生产方案等。通过提高准入门槛，更有效地利用煤炭资源。凡设计回采率达不到国家规定标准的申请项目，一律不予核准，不予颁发采矿许可证。

1.4.4.5　鼓励建设规模大、技术先进的现代化高效矿井

我国小型煤矿和小煤矿占了煤矿总数的98%，其产量却仅占全部产量的一半左右。国家应提高煤炭产业集中度，在晋陕蒙新富煤地区有重点地加快大型煤炭基地建设，筹建一批单井生产能力超1000万t、矿区生产能力超1亿t的特大型煤炭集团公司。其他资源较丰富的省区也要鼓励大型高效矿井的建设。要促进大矿对中小型煤矿的兼并、重组。在富煤地区兴建高效矿井的同时，要加快东部、南方地区大中型已建矿井的改组、改制、改造。对那些储量大、煤质好而生产能力偏低的矿井，有计划地通过行政引导，打破国有资本一统、死水一潭的资本构成格局，进行股份制改造。通过资本结构的改善，引进先进的经营理念和管理方法，提高企业装备和技术水平，扩大其生产能力。力争使我国大型煤矿的生产能力从目前总生产能力的37%提高到50%。

1.4.4.6　加快对小煤矿的整顿

凡是国家规划矿区范围内的小煤矿，原则上不再批准扩界和

新增资源量；督促其合理利用资源，在资源采完后立即关闭。在富煤地区，下定决心关掉一批布局不合理的小型煤矿和小煤矿，为建设高效大型煤矿让路。在煤炭资源不很丰富的地区，做好对生产能力过小的小煤矿的整合工作，促进其资本、技术的集约，提高产能，提高回采率。整合工作要与安全生产、环境整治的工作结合。力争在5～10年内把我国小煤矿的数目控制在一个合理的水平，使我国小煤矿的面貌焕然一新，更加合理有效地开发煤炭资源，继续为国家的经济建设和社会发展做出更大的贡献。

1.4.5　提高煤炭回收率的技术途径

1.4.5.1　回收边角煤、工作面煤柱

由于原来工作面之间留有大量保护煤柱，在掘进人员富余的情况下，成立小煤柱回收队，专门回收边小煤柱。这样既多回收了煤炭资源，又解决了部分富余人员的就业问题。

1.4.5.2　沿空留巷，推广无煤柱采煤

用保护煤柱维护巷道，损失大量煤炭，回采工作面两端巷道的护巷煤柱的损失约占15%。鉴于煤柱损失所占的比重较大，应改进巷道维护方法，推广无煤柱采煤。某矿把保护煤柱宽度由20m降为10m，后来干脆沿空留巷，试验效果较好，取得了明显的技术经济效益。

1.4.5.3　开展建筑物下采煤

正常情况下，凡遇到建筑物压煤时，通常采用搬迁的办法，但是遇到建筑物比较密集，搬迁成本大于回采成本时，往往放弃不采。

1.4.5.4　合理选择采煤方法，是提高采区和采面回采率的主要环节

采用采区前进、区内后退式开采、走向长壁式采煤法，采用全部陷落法管理顶板，采用沿空留巷、无煤柱开采技术。在开采过程

中，一次采全高，不留顶煤，针对煤层由北向南逐渐分岔、煤层夹矸增厚的情况，及时编制特殊安全措施进行回采，可杜绝资源浪费；在顶板破碎地段，使用超前加固支护，自制金属网支护，配合十字顶梁支护；在软底区域，采用支柱穿鞋的方法开采，可杜绝底板煤的损失。开采中遇小断层时，制定特殊安全技术措施，采用平推硬过的办法通过；当遇断距达 2.0m 以上的断层时，才采用重掘开切眼的办法开采；当遇地质薄化带时，采用超前处理、沿空护巷等方法通过，减少面向煤柱损失。

1.4.5.5 优化采区设计，合理开拓部署，减少煤柱损失

减少各类煤柱损失，是提高煤炭资源回收率的重要措施。在安全生产的前提下，按照技术上可行、经济上可行的原则，最大限度地减少设计煤柱损失。主要包括以下几个方面：

减少井筒煤柱损失。在矿井设计过程中，应尽量将井筒布置在岩石中，优化设计，减少井筒保护煤柱。

缩小水平隔离煤柱。将水平运输大巷布置在煤层的底板岩层中，不仅减少了巷道维护费用，煤柱也由以前的沿煤层倾斜留设 20～30m 减少到 5～8m。

减少上山煤柱损失。在区段划分上，结合实际，尽可能地增加采区的走向长度，采用大单翼方式布置采区，可有效地减少采区保护煤柱的损失。

减少采区内区段煤柱损失。采区内区段分组布置，每组两个面，三条巷道串联渗新风，区段的风巷采用沿空布置，减少组内区段间煤柱损失，组与组之间通过定向掘进，将区段隔离煤柱由以前的 15～20m 减少到 2～5m，起隔离瓦斯和维护通风系统的作用，减少区段隔离煤柱损失 3.6 万 t。

1.5　综采工作面回收率提高途径

综采放顶煤工艺是目前我国中厚煤层开采的主要工艺，而厚煤层在煤炭含量中占主要部分，因此其煤炭资源回收率的高低直接决定了我国煤炭资源总体回收率的高低。

1.5.1　综放工作面开采丢煤的构成及计算

综放开采丢煤基本分为三大部分，即初采丢煤、正常回采丢煤和临近停采丢煤。

1.5.1.1　两巷丢煤

两巷丢煤不属于工作面回采丢煤，但可以回收一部分煤，提高回采率。回风巷不放、机道可放到 50%。在机道槽尾未缩之前可放煤用机道溜子运走。两巷丢煤的计算公式为：

$$Q'=\frac{1}{2}L'(H-h)L\gamma \tag{1-1}$$

式中，Q' 为两巷丢煤量，t；L' 为底长，m；H 为采放高度，m；h 为采度，m；L 为工作面长度，m；γ 为煤的容重，t/m^3。

1.5.1.2　初采丢煤

在开切眼初次来压之前的一定范围内，顶煤、顶板冒落不充分，将产生大量的丢煤，假设这一段的顶煤回收率为 50%。初采丢煤的计算公式为：

$$Q_1=\frac{1}{2}L_1(H-h)L\gamma \tag{1-2}$$

式中，Q_1 为初采丢煤量，t；L_1 为顶板初次垮落步距，m；H 为采放高度，m；h 为采度，m；L 为工作面长度，m；γ 为煤的容重，t/m^3。

1.5.1.3　工作面端头丢煤

由于没有过渡支架,两端头一般 2～3 组架不放煤,造成端头丢煤。在倾斜工作面支架上方的顶煤的冒落角度,在上下两处的过渡架上是互相的。端头丢煤的计算公式为:

$$Q_2 = 1.5n(H-h)L_2\gamma \tag{1-3}$$

式中,Q_2 为工作面端头丢煤量,t;n 为不放煤支架数;L_2 为正常回采推进长度,m。

1.5.1.4　临近停采丢煤

综放开采在停采之前为了回撤支架方便和安全,一般都在停采线超前一段距离不放煤,造成顶煤损失,其计算公式为:

$$Q_3 = (H-h)LL_3\gamma \tag{1-4}$$

式中,Q_3 为顶煤损失量,t;L_3 为停采前不放煤长度,m。

1.5.2　综放开采工作面回采率的计算

综放开采工作面圈定范围的煤层能力为:

$$Q_{总} = (L_1 + L_2 + L_3)LH\gamma \tag{1-5}$$

式中,$Q_{总}$ 为工作面圈定范围的煤层能力总量,t。

综放开采总的丢煤量为:

$$Q_{丢} = Q_1 + Q_2 + Q_3 \tag{1-6}$$

式中,$Q_{丢}$ 为总的丢煤量,t。

工作面回收率为:

$$\lambda = (1 - \frac{Q_{总} - Q_{丢}}{Q_{总}}) \times 100\% \tag{1-7}$$

式中:λ 为工作面煤炭回收率。

1.5.3　放顶煤开采顶煤放出率的影响因素

1.5.3.1　顶煤冒放性

顶煤冒放性是指顶煤在矿压作用下及时垮落和得到充分破碎

的程度。顶煤冒放性好坏是实施放顶煤开采的必要前提，顶煤的冒放性与煤体自身的强度及其结构和构造，即节理、裂隙、层理、夹层、断层带的规模和发育程度，煤层开采深度和顶煤厚度，支架的支撑力及顶底板岩性等因素有关。煤层抗压强度越大，意味着煤层黏结系数或内摩擦角越大，煤体破碎所需的应力越大，冒放性较差；采深越深，对顶煤的破碎作用越大，冒放性越好；支架阻力增大，加强了对煤体的辅助破碎作用，特别是与支架接触的下位煤体，在支架的反复支撑下更容易破碎；增加支架顶梁长度和工作阻力，有利于顶煤的破碎和放出。上述各种因素对顶煤的冒放性(破碎系数)影响程度是不同的，煤层自身的强度影响最大，开采深度次之，支架的阻力影响较小。

1.5.3.2　采区各种煤柱损失

厚煤层开采的煤炭损失主要是采区内各种煤柱的损失。如各种断层煤柱、防水煤柱、采区边界煤柱、铁路桥煤柱等。由于放顶煤开采工作面长度大，煤柱损失尤为突出。

1.5.3.3　工作面内的煤炭损失

初采不放顶煤损失量。为防止老顶突然冒落对工作面构成威胁，综放工作面在老顶初次垮落之前顶煤不能全部放出，从而造成初采损失，其损失量与初次垮落步距成正比，初次垮落步距与顶煤硬度、厚度、节理裂隙和层理发育程度及顶板矿压显现有密切关系。

末采不放顶煤损失量。工作面末采损失量主要在于工作面收尾时为有利于回撤支架而留顶煤，提前铺网控制顶板引起的损失。

工作面两端头不放煤及进、回风顺槽顶煤的损失量。端头放煤工艺虽然试验成功，但端头放煤仍然存在许多不能解决的问题。如由于工作面运输机机头、机尾高度较大，必须在工作面上下端头使用过渡支架，且由于端头支架上方顶煤较难放下来，因而造成端头顶煤损失。另外，为了维护巷道，两顺槽顶板要铺网，这一部分煤也将丢失。

放煤步距和放煤方式造成的煤炭损失。放煤步距和放煤方式的合理性是决定工作面回收率和含矸率的两个重要因素，如果确定不合理，会造成煤炭损失过多和含矸过高。

1.5.3.4　工作面设备引起的煤炭损失

放煤液压支架对顶煤回收率有较大的影响。高、中位放顶煤液压支架存在脊背煤损失，而低放顶煤液压支架则不存在脊背煤损失。

综合放顶煤开采工作面与普通综采工作面相比，采出率偏低，其煤炭损失构成如图1-1所示。

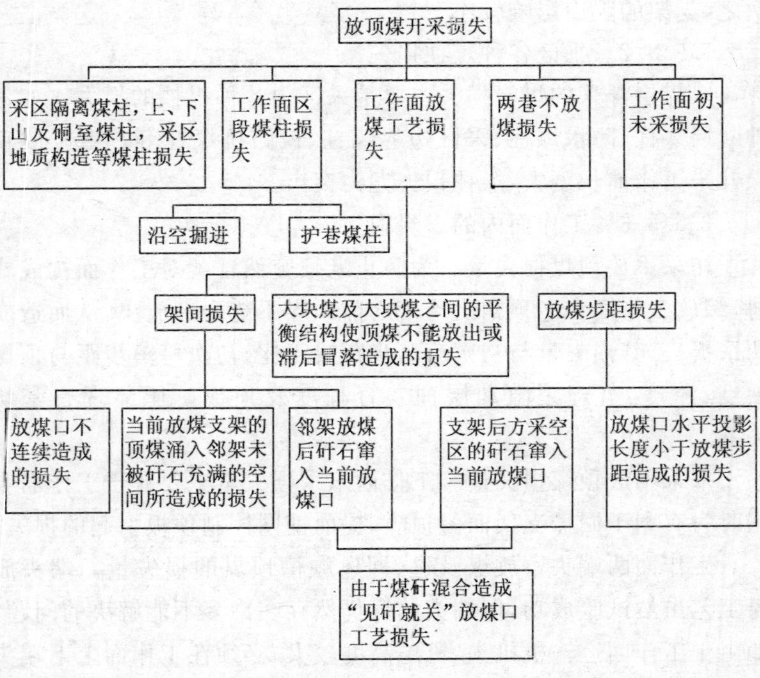

图1-1　放顶煤开采煤炭损失构成图

1.5.4　提高工作面回收率的途径

1.5.4.1　选择科学合理的开采设计

(1)改善采区设计,合理布置巷道

适当加大工作面走向长度和工作面长度,减少区段煤柱,减少端头损失及初、末采损失,从而减少采区煤柱损失,提高回采率。

(2)综采放顶煤措施

减少初采损失。在综采放顶煤中,初采损失不可避免,虽然损失量不大,但也应减少其损失量。减少初采损失比较有效的办法是切顶巷技术。切顶巷技术是采用减小初采期间顶煤的垮落步距来提高回采率。其方法是在工作面开采前,在切眼外上侧沿顶板掘进一条与开切眼平行的辅助巷道(即切顶巷),并在巷道的一帮打眼放炮,以缩小工作面的初次垮落步距,及早实现放顶煤。

在条件允许的情况下,采取措施,在末采时尽可能多放煤。末采时尽可能在合理位置停放,减少末采时不放煤造成的损失量。

解决端头放煤,首先必须合理选择端头支架;其次要加强工作面两端头支护,在确保安全的情况下,将采面的支架尽量延长到材料道、溜子道的机尾,同时要把机尾靠到材料道的上帮和溜子道的下帮,使过渡支架安装在顺槽中,尽最大可能将工作面两端头顶煤放下来。工作面上下两道掘进时,应严格沿底板掘进,不得丢底煤,并加强采面浮煤的清理工作。

改善煤体原始特性,提高冒放性。放顶煤开采相关理论及现场实践表明,煤层普氏硬度系数在2.0以下时,顶煤可以依靠矿压作用自行垮落;在2.0以上时,需要采取人工辅助手段措施,以改善顶煤的冒落状态和冒落块度,常用的办法是超前爆破松动结合注水弱化。超前爆破松动可以在工作面顶煤中沿顶板掘进两条平行煤巷,在巷内钻进平行于采面的深孔,在工作面支撑压力前方利用深孔实施顶煤预爆破。采用注水软化顶煤时,可在顶煤中开掘注水专用巷道，向两侧顶煤中注水钻机钻进，也可利用工作面两巷注水钻孔。

1.5.4.2 选择科学合理的综放工艺

(1)采用合理的放煤工序

正确的放煤顺序可以使顶煤的放出量最多，混矸量最少，脊背煤损失也更少。该工序主要根据多口放煤理论，坚持多轮、顺序、均匀放煤，矸石含量超过1/3时再关门的原则。主要应注意以下几个方面：

多轮放煤。当顶煤厚度较大时，垮落的顶煤不要一次放完，分2～3次放完。

顺序放煤。工作面的放煤顺序从一端或中部依次向另一端进行。

均匀放煤。在每一轮放煤工序里，控制各支架的一次放出量相近。

(2)正确选择放采比

综采工作面的顶煤采出率还与工作面的放采比有关，放采比是指放煤高度和机采高度的比值。$H_f=(1.8\sim4)H_c$ 较为合理(H_f 为放煤高度，H_c 为采煤高度)。如果放采比太大，会造成放煤过程中顶煤的大量丢失，不利于顶煤采出率的提高，应采用分层铺网综放开采。

(3)合理地选择放煤步距

放煤步距也是影响综放工作面顶煤采出率的一个关键因素，合理地选择放煤步距，对提高煤炭回收率、降低含矸率至关重要。当放煤步距过大或过小时，都会使采空区一部分冒落的顶煤还来不及到达放煤口时，采空区的矸石已进入，按照“见矸就关”的原则，这部分顶煤将被关在放煤口之外。只有当放煤布距合理，待顶煤全部放完时，顶部矸石和采空区矸石将同时到达放煤口，此时关闭放煤口，煤炭损失最少，顶煤回收率最高，而含矸率也最低。

(4)正确确定放煤口高度

支架放煤口高度与回采率有直接关系,根据直接顶厚度、矸石充填采空区程度来确定放煤口的放煤高度。

(5)减少放煤死角,提高煤炭资源回收率

放煤口边缘造成的放煤死角与放煤顺序有较大的关系,采用多轮、顺序、均匀放煤或单轮,间隔折返、顺序、均匀放煤,对减少放煤死角,减少丢煤有一定的积极意义。

(6)选择可放性好的煤层

煤层具有可放性,是实现综放开采的先决条件。一些回收率较低的综放面都是由于顶煤冒落滞后或块度大,即煤层可放性较差。在上综放以前,应对综放开采的可行性进行论证,按煤层可放性分级方法,确定可放性,对可放性较差的煤层,应采取辅助落煤措施,如厚煤层可在顶层采一层煤体提前高压注水软化切眼顶板爆破,即人工切顶等。

(7)煤机道合理放煤

机道溜子开采这一段过程中,在没有移溜之前,可以合理放机道的顶煤,由经验分析,可放出50%,如前述Q',两巷不是采区丢煤之中,但要合理研究机巷放煤也可以提高回收率。

(8)合理确定采放厚度,增大割煤高度

采放厚度选择过大将增大初采丢煤、两巷丢煤、临近停采丢煤、端头丢煤等。正规煤层综放回采时,放煤高度应控制在5m左右。采放厚度一定,增大割煤高度可减小放煤厚度,使丢煤量减少,综放面剖煤高度达3.0m左右较合适。

(9)端头采用放煤端头过渡架

采用放煤端头过渡架是解决综放开采端头丢煤的最有效方法。综放现在要达到高产高效(双高)建设,必须使用端头过渡支架。为适应“双高”建设的需要,两巷需要大断面机头机尾放在两巷中,综放不仅达到连续化生产,而且保证端头不丢煤。

(10)普遍使用低位放煤的支架

低位放煤支架可克服脊背损失,减少安息角丢煤。现基本全部是低位放煤支架。

(11)实行综放无煤柱开采

实行综放无煤柱开采是解决综放开采回采率低的途径之一。现应进行综放无煤柱开采沿空送巷的试验,重点研究解决沿空送巷的巷道掘进和维护技术、防漏风和防老空区发火技术。

(12)加大科技投入,改进采煤工艺

投产初期,因经验不足,工艺参数选择不合理,回采率低。现在加强放顶煤管理,优化采区设计,合理布置采区巷道,使回采率得到了显著提高。从放顶煤步距、放煤口间距、位置、放煤次数等入手,通过试验逐步探索出最佳放煤工艺参数,减少老塘底板"三角煤"和"梯形死煤"。加强采面管理,对底板上的浮煤及时清理干净,老塘里未放净的煤在不影响安全的前提下,用长柄工具及时清出。工作面上隅角附近是管理的重点,端头加强支护,延长溜子使其紧靠上下安全出口的外帮,采用放少、分次的方法把两端头顶煤放出。

1.5.4.3　合理选择综放面设备

综放工作面影响顶煤采出率的设备主要是工作面液压支架。

(1)端头支架、排头支架

由于端头设备布置集中,顶板须加强支护,端头放煤会给端头的顶板管理带来困难。现在端头支架的尾部采用掩护式,即尾部用钢板将后输送机、转载机尾与老塘顶煤隔开。要想进行端头放煤,就必须处理好放煤与顶板支护的矛盾。通过现场观测,使用收摆尾梁式低位放顶煤端头支架,顶煤运移到端头支架尾梁尾部落地时,再将其放入转载机尾部运走。由于顶煤落地时被回收,故对顶板支护的负面影响较小。采用这种端头支架,既可以保证两端头的支护质量,又可以将运输巷内的顶煤部分回收。

(2)中间支架

对于低位放煤支架来说，由于放煤口位置低，接近底板，放煤支架上方空间大，为顶煤的破碎提供了良好条件，顶煤可以充分松散破碎，不存在放煤口造成的顶煤丢失，同时低位放煤支架放煤口与支架同宽，无高、中位支架存在的脊背煤损失。因此，提高顶煤采出率，应该首先选择双输送机低位放煤支架。

第二章
不规则综采放顶煤工作面开采技术

2.1 综采放顶煤工作面开采技术应用现状

综采放顶煤技术是20世纪60年代西欧国家在褐煤或劣质煤的厚煤层中试验成功的采煤方法，因为有液压支架控顶保护，因此采场的安全得以保证。由于顶煤在支架后方自然冒落放出，即工作面前后两个场所出煤，因此高产高效也有保证，于是放顶煤采煤法相继在西欧和东欧国家蓬勃发展。到20世纪80年代初，国外综采放顶煤已初具规模，放顶煤支架已有10多种，平均月产水平为2万～4万t，工效达15～30t/工。但是由于其工作面采出率仅70%～80%，因此主要仅用于褐煤和劣质煤层中，这种采煤法在国外未能继续发展下去。

但是以开采厚煤层为主的我国，20世纪80年代初纷纷从国外引进和自行研制放顶煤支架，充分利用放顶煤的高产、高效、低成本优势，大力开展试验研究。由于采出率低的缘故，1988年以前其主要在褐煤和软煤中试验，20世纪90年代初，阳泉、潞安等矿区开始在中硬煤中试采并获得成功，但采出率问题始终困扰着放顶煤技术的发展；20世纪90年代中期，晋城、大同等矿区在硬煤中试验放顶煤，在采取各种专门措施的引导下，通过“九五”攻关，坚硬煤层的放顶煤也获得成功，且产量和效率均赶超世界先进水平；1992 年，潞安漳村矿综放工作面年产突破 200 万 t；1993 年，潞安王庄矿年产突破 250 万 t；1994 年，我国已有 28 个局矿 62 个综放工作面，年产原煤 4000 万 t 左右；1995 年，兖州兴隆庄矿又将单产水平提高到 315 万 t；1997 年，兖州东滩矿单产水平突破 410 万 t；1998 年，该矿又创世界纪录，将单产水平提高到 501 万 t；1999 年，该矿又创下单产 600 多万 t 的世界新纪录。从 1992 年以来，每年产量最高的采煤队均是放顶煤综采队，因此综采放顶煤在我国得到了长足发展，而且成为具有中国特色的一种厚煤层新型采煤方法。产量上去了，成本降下来了，但工作面采出率还相当低。

由于煤炭资源富存地质条件的复杂性，受开采技术的限制，开采过程中，煤炭资源的丢失浪费还相当严重。近几年的研究结果表明，长壁综放开采顶煤的工作面开采损失主要由三个方面构成：一是工作面在初采和末采期间，不能放煤或不能充分放煤造成的损失；二是工作面两端过渡支架和端头支架不能放煤造成的损失；三是放煤工艺造成的损失，也就是采空区残煤的损失。从表 1-1 中可以看出，放煤损失也就是采空区残煤损失，是综放工作面煤炭损失的主要部分，平均损失率为 12.33%，占总损失率的 66.36%；而初末采损失、两端头损失的损失率分别为 2.0%和 3.28%，仅占总损失率的 10.76%和 17.65%。采空区残煤损失和工作面圈出范围大小、可采煤量多少的关系不大，数据分析表明，尽管工作面能够采出的煤量不同，放煤工艺的损失变化率并不大，因此通过改变工作面的布置形式和调整工作面的几何尺寸，并不能解决采空区残煤损失的问题。而解决综放工作面采出率的关键是综放工作面放煤工艺的改革和两巷支护方式的改革。

2.2 顶煤冒放性的评估

2.2.1 顶煤冒放性的影响因素及评估方法

放顶煤开采中，顶煤由原始状态到放煤，主要经历了变形、膨胀、移动和垮落等这样一个复杂的过程，揭示顶煤移动规律、应力场分布及其应力传递规律，对于控制端面稳定、确定合理放煤高度和顶煤冒放性、最大限度放煤及提高采出率都是十分重要的。国内许多专家都对这一过程进行了深入的研究，普遍认为：放顶煤开采中顶煤冒放性主要表现为顶煤在到达放煤口上方时的破碎程度。从放顶煤开采依靠“地压破煤”这一角度出发，具体分析影响顶煤冒放性的因素，把被破坏的对象——顶煤作为一个整体加以研究。煤层的综合抗破坏能力与煤的坚固性系数紧密相关，但由于该值一般由煤块测出，往往不能代表顶煤的整体强度。顶煤的整体强度常称煤层强度，还与其中所含的夹石情况、煤层节理、裂隙发育程度有关，甚至与顶煤厚度有关。在特定的研究前提下，不考虑夹石与煤在利用上的差别，而把夹石作为顶煤的组成部分，从而考虑它对煤层整体强度的影响，使研究的问题更加清晰明了。

放顶煤开采是利用地压破煤。地压破煤问题的一个方面是破煤的动力。显然，煤层埋藏深度 H 决定了围岩原始应力 γH 的大小，也极大地影响着采场支承压力 $K\gamma H$ 的大小。这里 γ 值一般为 $2.5\mathrm{t/m^3}$ 左右，可认为是个常数。应力集中系数 K 则与顶板和顶煤的岩性及其厚度有关，顶煤就是由于其承受的应力超过了本身的强度而破碎。

另外，煤层的顶板条件也对顶煤的冒放性有影响，虽然对顶煤的受力影响不大，但对顶煤的冒落过程影响很大。这一影响主要取决于破碎顶板对采空区充填的程度，充填程度越高，冒放性越好。

长期的研究结果表明：顶煤从原生裂隙扩展以致出现强度破坏，直到最后从放煤口中放出，受许多因素的影响，说明顶煤冒放性与很多因素有关，其中既有顶煤内部的因素，也有外部因素。概括起来，影响顶煤冒放性的主要因素有开采深度、煤层的厚度和强度、煤层的夹矸层数和厚度、顶煤中节理裂隙的发育程度、直接顶岩性及厚度、基本顶岩性及厚度等，这些因素又由不同的指标组成，如图 2-1 所示。同时，这些因素对顶煤冒放性的影响程度也不相同，这说明顶煤冒放性是一个多因素的综合评价过程。

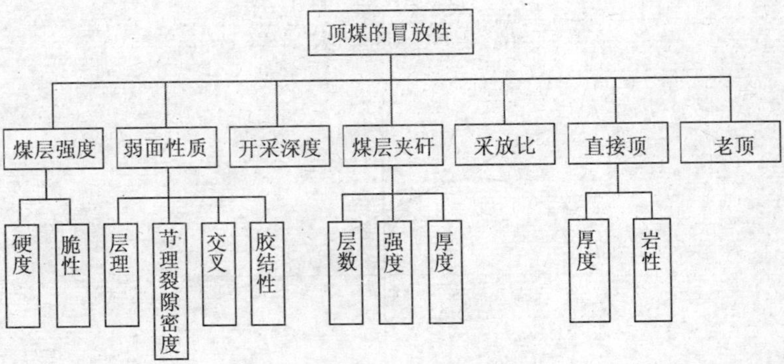

图 2-1　顶煤冒放性主要影响因素递阶结构图

随着放顶煤采煤法的不断推广、应用，对顶煤冒放性及分类的研究受到了人们的重视，许多科研院所等单位都进行了研究工作，取得了一定成果。在现场统计、实验室物理模拟、计算机数值模拟获取大量数据的基础上，采用单因素单指标分类、多因素综合指标分类、模糊聚类分析等方法进行分类。上述三种方法都从不同角度对顶煤的冒放性进行了分类，实际应用中多采用三种分类方法相结合的形式对顶煤的冒放性进行分类研究。

2.2.2 顶煤冒放性影响因素的理论分析

2.2.2.1 煤体强度对顶煤冒放性的影响

影响煤体强度的主要因素有煤层本身的强度、夹石层厚度和强度、节理裂隙的发育程度三方面。

(1)煤的强度

煤的强度是煤层本身抗破坏能力的主要指标，包括煤层的单向抗压强度、黏结系数和内摩擦角。由图 2-2 所示的力学关系，经换算可得煤层单向抗压强度(R_c)与黏结系数(C)和内摩擦角(φ)的关系为：

$$\sin\varphi=\frac{R_c/2}{R_c/2+C\cos\varphi}=\frac{R_c}{R_c+2C\cos\varphi} \tag{2-1}$$

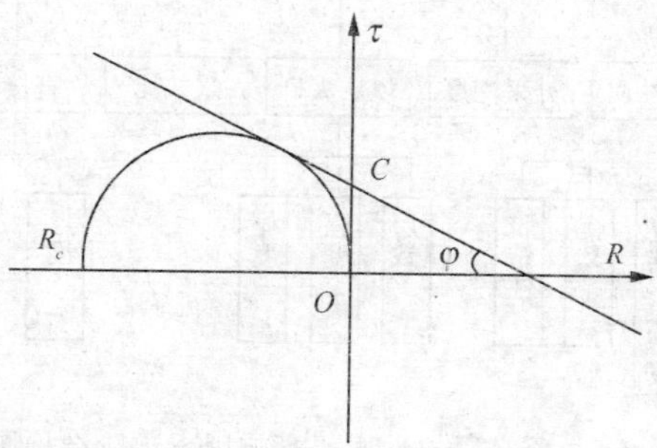

图 2-2 煤体力学的参数关系

$$R_c=R_c\sin\varphi+2C\cos\varphi$$

所以：

$$R_c=\frac{2C\cos\varphi}{1-\sin\varphi} \tag{2-2}$$

由上式可以看出，当 φ 一定时，R_c 随 C 的增大而增大；当 C 一定时，R_c 与 φ 的关系为：

$$\frac{\mathrm{d}R_c}{\mathrm{d}\varphi}=\frac{-2C\sin\varphi(1-\sin\varphi)+2C\cos^2\varphi}{(1-\sin\varphi)^2}=\frac{2C}{1-\sin\varphi} \tag{2-3}$$

显然：$\frac{2C}{1-\sin\varphi}>0$。

根据函数的性质，φ 在 $(0,\pi/2)$ 邻域内，式(2-2)为单调递增函数；也就是说，在 C 一定时，单向抗压强度 R_c 随内摩擦角 φ 的增加而增加；反之，煤层单向抗压强度的增大，意味着煤层的黏结系数或内摩擦角亦增大。因此，煤层的单向抗压强度在一定程度上代表了煤体对应力的反应能力。为简化起见，一般煤的强度指标只选用单向抗压强度一项指标。因为煤层的单向抗压强度是煤体单向抗压力的能力，在煤体没有任何弱面的情况下，在压力作用下对煤体发生破碎的影响是线性的，R_c 值越大，煤层越难破碎，反应在顶煤冒放性上，则顶煤的冒放性越差。

在计算中，为了表达煤体的强度特征，一般用坚固性系数 f 来描述，即

$$f=\frac{R_c}{10} \tag{2-4}$$

式中，R_c 为煤体单向抗压强度，MPa；f 为煤层坚固性系数。

有时，同一煤层的上下不同层位煤的强度并不一致。这里主要是指顶煤的强度，它在很大程度上决定了煤层整体强度，是影响顶煤可放性的关键因素。实测表明，对于强度（用坚固性系数 f 表示）不同的煤体，传递顶板应力的结果不同，顶煤在煤壁前方开始变形，移动的位置也不同。煤的坚固性系数 f 越小，表明强度越低，顶板在煤壁前方的起始活动点越远，支承压力峰值离工作面煤亦越远，从而顶煤受力的作用也越长，有利于顶煤的放出。但是如果顶煤太软，也会给工作面支架端面的维护造成困难。相反，f 值越大，支承压力峰值越大，支承压力值越靠近工作面煤壁，顶煤的破坏过程越短，顶煤的变形、位移越小。因此，当 f 值大时，如采用放顶煤开采，就要采取破煤的辅助手段，如注水软化、放炮震动等使顶煤破碎；否则，达不到理想的放煤效果。一般认为，坚固

性系数 $f<3$ 的煤层适合采用放顶煤开采。

煤层的单向抗压强度 R_c 影响着顶煤在压力作用下的破坏破碎过程和程度，因此与顶煤的垮落角也有着密切的关系。根据对综放工作面的现场观测，单向抗压强度 R_c 越大，顶煤越硬，顶煤垮落角越小。由顶煤的冒落规律可知，当顶煤的垮落角较小时，对顶煤的放出不利。

(2)顶煤夹矸对冒放性的影响

煤层夹矸不仅影响到放出煤炭的含矸率，而且影响到顶煤的冒放性。煤层夹矸对顶煤冒放性的影响比较复杂，其影响程度不仅与夹矸层的岩性、硬度、层数等特征有关，还与夹矸层与煤层的胶结性质有关。对于比较软而与顶煤胶结差的夹矸层，则变成了顶煤的一个弱面，夹矸层的存在增加了顶煤的冒放性；对于比较硬且与顶煤胶结比较好的夹矸层，则对顶煤冒放性有不利的影响。

关于煤层夹矸的处理：一般位于煤层下部的夹矸层多被采煤机割出，比较容易处理；位于煤层上部的夹矸层，为保证放出煤炭的质量，一般不予放出，因此，应重点考虑。煤层中的夹矸层是处于三向受力状态的，而且上下均被强度较低的煤层所包围。一般情况下，夹矸层的强度要比煤硬(比煤软的不影响顶煤的冒放性，可不考虑)，支承压力通过上下较软的煤作用于夹矸层上，其应力集中程度相对减弱，由此夹矸层的破碎程度要比煤差。在工作面的煤壁前方，夹矸层仅能随着其下部煤层的变形而有相应的变形，或因比煤的变形小而产生离层。当工作面推进已使离层的夹矸层处于支架的控顶上方时，会出现如图 2-3(a)所示的受力状态，即下部顶煤破碎下沉，上部顶煤随夹矸层变形而与直接顶离层。夹矸层就相当于一根悬臂的梁，其上为受上部顶煤重力作用的均布载荷，如图 2-3(b)所示，这种悬臂梁架加上支架的反复卸载支撑，若能及时破断冒落，则有利于顶煤的冒放。根据图 2-3(b)所示的受力模型，可以求解出不同夹矸层的临界厚度。

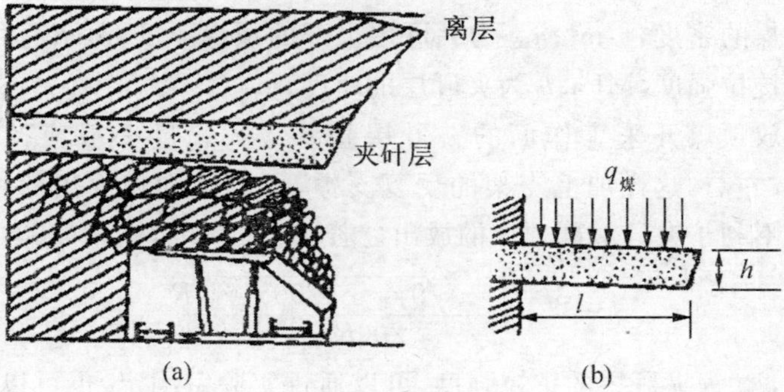

图 3-3　夹矸层的受力状态图

悬臂梁的最大弯矩为

$$M_{\max}=\frac{ql^2}{2}=\frac{1}{2}(q_{矸}+q_{煤})l^2 \tag{2-5}$$

悬臂梁的最大拉应力为

$$\sigma_{\max}=\frac{M}{j}\times\frac{h}{2}=\frac{12M}{h^3}\times\frac{h}{2}=\frac{6}{h^2}\times\frac{1}{2}(q_{矸}+q_{煤})l^2=\frac{3}{h^2}(q_{矸}+q_{煤})l^2 \tag{2-6}$$

式中，$M_{\max}$ 为最大弯矩；q 为平均载荷；$q_{矸}$ 为上覆矸石的载荷；$q_{煤}$ 为上覆煤层的载荷；l 为悬臂梁长度；h 为悬臂梁厚度；j 为悬臂梁的断面惯性矩。

令 $\sigma_{\max}$ 等于夹矸层的抗拉强度 R_t，则式(2-6)变为

$$R_t=\frac{3}{h^2}(\gamma_{矸}h+\gamma_{煤}h_{煤})l^2$$

即：　$$R_th^2-3(\gamma_{矸}h+\gamma_{煤}h_{煤})l^2=0$$

则有：　$$h=\frac{3l^2\gamma_{矸}+\sqrt{9l^2\gamma_{矸}^2+12l^2\gamma_{矸}\gamma_{煤}R_t}}{2R_t} \tag{2-7}$$

将式中的单位统一后，上式变为

$$h=\frac{3l^2\gamma_{矸}+\sqrt{9l^2\gamma_{矸}^2+1200l^2\gamma_{矸}\gamma_{煤}R_t}}{200R_t} \tag{2-8}$$

式中，l 为夹矸层悬臂最大长度，m；$\gamma_{矸}$ 为夹矸层的密度，t/m^3；$\gamma_{煤}$ 为顶煤的密度，t/m^3；$h_{煤}$ 为夹矸层上部的顶煤厚度，m；R_t 为夹矸层的抗拉强度，MPa；h 为夹矸层的厚度，m。

放顶煤开采工作面的夹矸层悬臂最大长度一般应控制在1.0m左右，这样加上支架的反复支撑，可以达到易放出的块度，否则不利于夹矸上部顶煤的放出。若取 $l=1.0$m，则式(2-8)变为

$$h=\frac{3l^2\gamma_{矸}+\sqrt{9\gamma_{矸}^2+1200\gamma_{矸}\gamma_{煤}R_t}}{200R_t} \tag{2-9}$$

式中，R_t 为夹矸层的抗拉强度，可以通过实验室测定，也可以用下式估算：

$$R_t=\frac{1}{10}KR_c \tag{2-10}$$

式中，R_c 为夹矸层的单轴抗压强度，MPa；K 为裂隙系数，一般砂岩取 $K=0.7$，页岩取 $K=0.45$。为了确定夹矸层的临界厚度，应取 R_c 的最大值计算。

根据前面的理论计算可知，如果煤层的结构复杂，煤层中含有多且比较坚硬的夹石层时，夹石层的冒放性和冒落块度的大小是决定煤层是否可放的主要因素之一。我国放顶煤生产实践证明，煤层中夹矸坚固性系数 $f<3$，夹矸累厚不超过煤层总厚的40%或单层夹石的厚度不超过0.3m的煤层一般都具有较好的冒放性。

(3)煤体弱面性质对顶煤冒放性的影响

煤体弱面是煤体层理和节理裂隙的总称。煤体弱面的发育程度不但影响着煤体的完整性，对顶煤的冒放性也有较大的影响。弱面性质的主要衡量参数有弱面的密度、倾向、倾角、迹线的持续长度等，这些参数集中反映出煤体弱面的空间分布状态，只有煤体弱面发育且呈网状结构分布，才有利于顶煤的冒放。

据研究，节理裂隙对岩体强度的影响程度与节理裂隙的走向、倾角(即裂隙面相对于作用载荷方向的倾角)、密度、裂缝充填程度

和充填材料等有关。就单个裂隙对单轴压缩的影响来讲，当裂纹面与载荷方向之间的角度为β时，在不考虑侧向力的情况下，展开库伦方程式，可以得到关系式

$$\frac{R_{c\gamma}}{R_c}=\frac{C_\gamma}{C}\left[\frac{(1+\tan^2\varphi)^{1/2}-\tan\varphi}{\sin^2\beta-\tan\varphi_r(1-\cos^2\beta)}\right] \tag{2-11}$$

式中，$R_{c\gamma}$为因裂纹使岩石变弱的岩石抗拉强度；R_c为整体岩石的抗压强度；C_γ为沿裂纹面的抗压强度；C为整体岩石的粘结力（内聚力）；$\tan\varphi_\gamma$为沿裂纹方向岩石的摩擦系数；$\tan\varphi$为整体岩石的摩擦系数；β为载荷方向与裂纹之间的夹角。

可见，当C_γ、C、$\tan\varphi$、$\tan\varphi_\gamma$一定时，$\frac{R_{c\gamma}}{R_c}$将视角β的不同而各异，即被弱面切割后岩石的抗压强度将根据弱面的切割方向不同而不同。而当β一定时，则$\frac{R_{c\gamma}}{R_c}$将随着C_γ、$\tan\varphi_\gamma$的变化而变化，也就是说，被弱面切割后，岩石的抗压强度将根据弱面的内聚力和摩擦系数的变化而变化。因此，对于某一裂隙，其对岩石强度的影响将因断裂面的形态、裂缝充填情况不同而不同。

煤层节理，顶煤的变形、移动，煤体内裂隙的产生、发展、开裂、裂隙是控制顶煤体破坏的主导因素。煤体内的裂隙有原生裂隙和次生裂隙之分。次生裂隙是由于人们的开采活动所引起的支承压力和采动影响共同作用产生的，它主要是受煤层的力学性质、支承压力、顶板岩性及采放出煤量的影响。可见，煤体内原生裂隙分布密度及状态是影响顶煤次生裂隙产生和发育的主要因素。因此，煤层节理发育，节理延伸性好，开张度大，充填物胶结性差，煤体相对松软，易破碎，冒落块度小，可放性好；相反，节理分布密度小，延伸不好，成闭合状，充填物胶结强度高，煤体的整体性好，不易破碎，冒落块度大，可放性差。

支承压力的大小是煤体内产生次生裂隙的另一个主要因素。支承压力大不利于回采巷通的维护与采场维护，但是有利于放顶

煤支架上方的顶煤充分破碎，这也正是放顶煤采煤法能够充分发挥其优越性的根本原因所在。支承压力的大小取决于煤层的开采深度、煤层顶板强度及煤层自身的强度。而开采深度和煤层顶板的强度是决定支承压力大小的主要因素。

2.2.2.2　煤层赋存深度对顶煤冒放性的影响

煤层赋存深度 H 直接影响着原岩应力 γH 的大小，同时也影响着回采面四周岩体内支承应力峰值（$K\gamma H$）的大小。从这个意义上讲，煤层赋存深度对放顶煤综采面的顶煤破碎效果有决定性影响。综放面采场煤壁前方顶煤受超前支承压力作用，预先发生变形、破碎直至松散，是顶煤能顺利放出的先决条件，在不考虑构造应力场影响的情况下，煤壁前方顶煤单元体的受力状态如图 2-4 所示。可见，正因为受采动后支承应力（$K\gamma H$）的作用，顶煤煤体才有可能超前变形、破碎，煤层赋存深度是影响顶煤冒放性的一个重要因素。且有：

$$\sigma_1 = K\gamma H;\sigma_2 = \lambda\gamma H;\sigma_3 = \lambda'\gamma H;\sigma_1 \geqslant \sigma_2 \geqslant \sigma_3$$

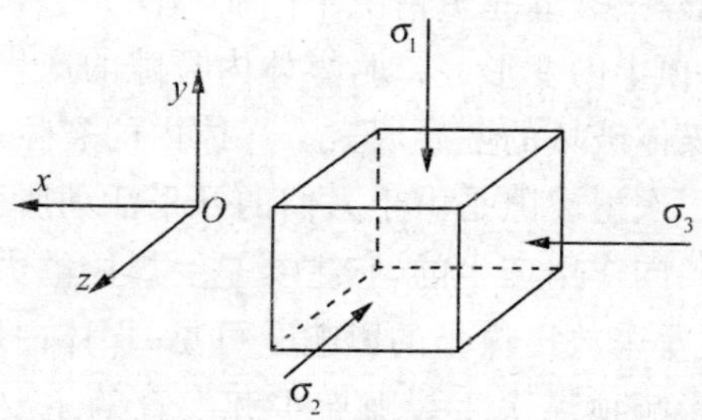

图 2-4　顶煤单元体受力状态

式中，K 为应力集中系数；H 为煤层赋存深度；γ 为岩石平均密度；λ、λ' 为侧压系数（$0\leqslant\lambda\leqslant 1, 0\leqslant\lambda'\leqslant 1$）。

放顶煤采场，顶煤内的单元体为三向受力状态（σ_1、σ_2、σ_3）。顶煤在压应力作用下，原生裂隙首先闭合。随着压应力增加，沿闭合裂隙面产生相对滑移摩擦效应，沿裂隙的长度方向形成垂直的较短张拉裂隙；当压力、应力继续增加时，在原生裂隙尖端产生拉应力，裂隙扩展并相互贯通，最终形成顶煤内的次生裂隙（采动裂隙），直至顶煤发生强度破坏。同时，考虑到长壁工作面沿平行工作面推进方向上的平面应力 σ_2 的变化不大，故可将其简化成平面应变模型。根据修正的格里菲斯强度极限理论，即

$$\begin{cases}\sigma_1=K\gamma H\\ \sigma_3=\lambda K\gamma H\\ \lambda=\dfrac{\mu}{1-\mu}\end{cases}\tag{2-12}$$

$$\frac{H}{R_c}=\frac{1}{\gamma\left[K-\lambda\dfrac{\sqrt{1+f^2}+f}{\sqrt{1+f^2}-f}\right]}\tag{2-13}$$

式中，λ 为上覆岩层的平均密度，一般取 2.5t/m^3；μ 为煤的泊松比，一般取 $\mu=0.3$；R_c 为煤体的单向抗压强度，MPa；f 为煤体的内摩擦系数，一般取 $f=0.7$。

式(2-13)即开采深度 H 和煤体单向抗压强度 R_c 之间的比例关系。若取 $K=2\sim3$，上覆岩层的平均密度 $\gamma=2.5$t/m^3，$f=0.7$，$\mu=0.3$，并将其代入式(2-13)，并统一单位，则得到顶煤仅受支承压力作用发生破坏的开采深度为

$$H\geqslant(28.22\sim95.79)R_c$$

可以看出，开采深度 H 越大，顶煤临界破坏条件越容易满足，也就是说，顶煤的冒放性也越好。开采深度与顶煤冒放性的关系还可以通过有限元计算的顶煤破坏系数找出其影响规律。所谓顶煤的破坏系数，是用库仑-莫尔准则判断顶煤破坏程度的无量纲值 Y 和 Z，即

$$Z = \frac{\sigma}{R_c + \frac{1+\sin\varphi}{1-\sin\varphi}\sigma_3};Y = \frac{\sum_{i=1}^{n} Z_i A_i}{\sum_{i=1}^{n} A_i} \tag{2-14}$$

式中，A_i 为单元面积；i 为单元编号。

图 2-5 为所得 Y 值与 H 的关系曲线。当 $H<100\text{m}$ 时，Y 值急剧下降，表明冒放性极差；当 $H>400\text{m}$ 时，曲线平缓，表明采深影响减弱。由式(2-14)知，400m 基本上是抗压强度 R_c 为 20MPa 的煤层临界深度，因此 400m 开采深度对大多数煤层可适应放顶煤开采。

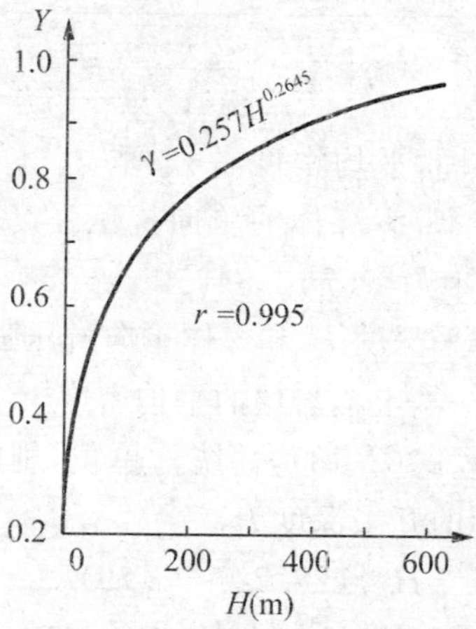

图 2-5 Y 值与采深 H 的关系

煤层赋存深度首先将影响支承压力的大小，支承压力的大小是煤产生次生裂隙的一个主要因素。支承压力大，不利于回采巷道的维护，但有利于支架上方的顶煤充分破碎。利用地压破煤正是放顶煤采煤法能够充分发挥其优越性的根本原因所在。支承压力的大小除了取决于煤层的开采深度外，煤层顶板强度及煤层自身的强度也起着重要的作用。其中开采深度和煤层顶板强度是决定支承压力大小的主要因素。

2.2.2.3　煤层顶板条件对顶煤冒放性的影响

煤层顶板包括两部分，即直接顶和基本顶。就直接顶而言，对顶煤体的受力影响较小，但却影响着顶煤的冒落运动过程。直接顶能够随采随冒并具有一定的厚度是放顶煤开采顶煤破碎冒落后顺利放出的基本条件。直接顶滞后冒落或冒落厚度较小，都将造成破碎冒落的顶煤垮向放出体以外的采空区，造成顶煤不能放出而丢失。所以，直接顶对顶煤冒放性的影响表现为两个方面：一是能随采随冒；二是冒落后要有一定的厚度，对采空区有一定的充填程度。根据现场观测和相似模拟试验，综放开采要求能随采随冒直接顶的最低厚度为

$$\sum h_{\text{num}} = \frac{M}{K_p} \tag{2-15}$$

式中，$\sum h_{\text{num}}$ 为能随采随冒分层厚度之和，m；M 为采放高度，m；K_p 为岩石碎胀系数，一般取 1.2。

厚而坚硬的基本顶虽给工作面顶板管理带来困难，但可形成较高的工作面超前支承压力，有利于顶煤的破坏破碎，从而增加顶煤的冒放性。因此，单就顶煤的冒放性来讲，基本顶越坚硬，级别越高，顶煤的冒故性越好，反之则越差。

一般要求煤层的顶板能够随采随冒，在坚硬顶板条件下放顶煤开采时，一定要注意人工软化顶板，以免对工作面造成威胁。一般来说，1 类～3 类直接顶和Ⅰ级、Ⅱ级基本顶比较适宜放顶煤开采；而 4 类直接顶和Ⅲ级基本顶需采取强制软化顶板的措施后，方可进行放顶煤开采。

2.2.2.4　放采高度比对顶煤冒放性的影响

放采高度比即放顶煤工作面放煤高度与采煤高度之比，它对顶煤冒放性的影响反映在两方面。一是采面支架的反复支撑对顶

煤的破碎作用。现场观测和有限元计算表明，放顶煤工作面支架对顶煤的破碎作用范围一般仅限于支架上方的2m左右，再向上则所受影响很小。从这个意义上讲，放采高度比越大，也即顶煤厚度越大，顶煤的冒放性越差。二是放采高度比影响着顶煤冒落充分松散空间条件。顶煤只有充分破碎，冒落时才有利于其回收，因此使综放工作面顶煤有充分破碎冒落空间的放采高度比十分重要。

设开采高度为 M，其中采（割）煤高度为 m_g，放煤高度为 m_f，支架放煤口高度为 h，则 $M=m_g+m_f$，放采高度比 $K=m_f/m_g$。顶煤冒落充分的必要条件为

$$M-h=k_s m_f \tag{2-16}$$

将 $M=m_g+m_f$，$m_f=Km_g$ 代入上式，得

$$K=\frac{m_g-h}{m_g(k_s-1)} \tag{2-17}$$

式中，K 为放采比；m_g 为工作面割煤高度，m；h 为支架放煤口高度，m；k_s 为煤的破碎松散系数。

可见，当工作面的放采高度比大于式（2-17）的计算结果时，顶煤将不能充分破碎松散，对放出不利。故顶煤工作面割煤和放煤的高度主要取决于煤层厚度。

实践表明，对于缓倾斜厚煤层而言，放顶煤开采适应的煤层厚度下限目前为4.5m。研究表明，当支架上部的放煤厚度小于2m时，煤矸分界面将难以控制，采用放顶煤开采必须有特殊措施。按原煤炭部颁布的《综放开采技术暂行规定》中对放顶煤开采煤层厚度的规定，整层开采的上限一般应小于12m，主要是顶煤太厚时上部煤层压裂效果差，难以放出，影响回收率。由于放顶煤开采底层采高一般为2.5～3m，顶煤冒落的松散系数越往上越小，据测定煤厚大于16m时，顶部松散系数为1.0，即不松散，因顶煤冒落性较差，不能随采随冒。过厚的顶煤上部缺少松散所需空间，影响其松

动。但是，如果上部顶煤能够及时冒落，那么将随着下部顶煤的放出而获得松动空间，及时松散冒落放出。所以，松软煤层厚度大于16m时，顶煤也能顺利放出。在个别地段，顶煤厚度达到上限值时，采用多轮放煤方式可为上部顶煤的二次松动、冒落、放出提供必要的时间和空间条件。

2.2.2.5　其他影响国素

(1)工作面推进速度对冒放性的影响

放顶煤开采工作面的推进速度对顶煤的破碎程度有一定的影响。由于顶煤破坏过程带有流变性质，工作面推进速度快，前方的支承压力对顶煤的作用时间短，顶煤的破碎程度低；工作面推进速度慢，则前方支承压力对顶煤作用时间长，顶煤破碎程度高，有利于顶煤的充分放出。但是，对于松软煤层，顶煤提前过分破碎对工作面端面内顶煤的控制十分不利，一般要加快工作面推进速度，以缩短支承压力作用在顶煤上的时间，便于控制；对于硬煤而言，较慢的工作面推进速度对顶煤的破碎是有利的。因此，硬煤工作面应加大工作面长度，使推进速度减慢；软煤工作面可相应减小工作面长度，加快推进速度。

(2)顶煤湿度对冒放性的影响

生产实践及相似试验结果均表明，随着顶煤湿度的增加，碎煤移动速度减慢，放煤口被堵次数也增加。经回归分析，可得出顶煤湿度与放煤口堵口次数的关系为

$$N=959x-11.95 \tag{2-18}$$

式中，N 为发生堵口次数；x 为顶煤湿度，%。

当 $N=0$ 时，$x=1.25\%$，此时不发生堵口，顶煤冒放性好；当 $N=15$ 时，$x=2.81\%$，此时达到可放煤湿度的下限值。也就是说，当煤体湿度达到2.81%以上时，放煤将会发生一定困难，主要是放煤口易发生堵塞现象。因此，对于冒放性来讲，顶煤湿度越小越好。

2.3 综采放顶煤工作面开采技术存在的主要问题分析

综采放顶煤开采技术目前存在的主要问题是工作面采出率低,资源丢失浪费还非常严重。其资源损失主要包括开采设计损失和综放工作面开采工艺损失两大部分。其中工作面区段煤柱损失占35.7%,两巷不放煤损失占2.6%~43%。

2.3.1 综采放顶煤开采设计损失

(1)主要是指受断层等地质因素的影响制约,而为了保持综采支架和前、后部刮板运输机长度不变,以长方形设计综采放顶煤工作面时,由于受煤炭赋存条件和地质条件的限制,一般综采放顶煤工作面很难规则布置,即使布置也是小范围的规则配合"刀把"进行布置,同时一部分受断层影响的煤炭得不到有效的开采,造成三角煤柱的大量丢失,丢失率在10%甚至20%以上,这是目前综放开采丢煤的主要因素。

(2)井田范围内无安全因素影响的断层煤柱留设过大造成的损失。

(3)工作面两巷巷道顶煤丢煤损失。由于受回采超前支护单体支柱高度的制约,目前工作面两巷设计高度一般为2.8m左右,开采时巷道上部的煤炭不能回采,从而造成了煤炭损失。

2.3.2 综放工作面开采工艺损失

近几年的研究结果表明,长壁综采放顶煤开采工作面煤炭损失主要由两个方面构成:一是工作面两端头过渡支架不能放煤造成的损失;二是放煤工艺造成的损失。统计资料显示,放煤工艺造成的损失在10%以上,两端头不能放煤的损失率为5.28%左右。

因此解决综放工作面回采率低的关键因素，是进行综放工作面开采设计技术、放煤工艺和端头放煤技术工艺的创新。

2.4　不规则综采放顶煤工作面的开采技术研究

目前综采放顶煤开采技术工艺，要求回采工作面两巷平行，工作面面长不变，开切眼安装的综采支架和前、后部刮板运输机不能随便添、撤，这就要求工作面为长方形或“刀把”形。但由于地质因素的影响，受煤炭赋存条件和地质条件的限制，往往是受断层等地质条件的切割，断层构造间可采煤的形状为不规则形。对于不规则综采开采工艺，有的矿井进行了研究和应用，但不规则综采放顶煤开采技术，因综采支架后部采空区多一部刮板运输机，频繁添、撤综采支架和前、后部刮板运输机溜槽的安全技术难以解决，目前还没有研究与应用推广。当工作面遇斜交断层不规则时，往往以“刀把”形设计综采放顶煤工作面，从而造成三角煤柱的大量丢失。为了解决综采放顶煤工作面因地质构造大量丢失三角煤的技术难题，在充分研究论证的基础上，我们对不规则综采放顶煤工作面开采技术进行了研究试验，解决了不规则综采放顶煤工作面开采过程中，频繁添、撤综采支架及前、后部运输机溜槽的安全技术难题，确保了安全生产，效果显著。

2.4.1　不规则综采放顶煤工作面边采边安装液压支架、溜槽技术

2.4.1.1　安液压支架及简易机尾

对于越采越长的不规则综采放顶煤工作面，开切眼较短（小于100m），在生产过程中，就必须边采煤边安装液压支架和前、后部刮板运输机溜槽。由于前、后部刮板运输机机头难以形成安装空间，因此必须在工作面材料巷刮板运输机机尾进行，开采时工作面

始终垂直于工作面运输巷，这样随工作面的推采，工作面刮板运输机机尾就会逐渐形成安装空间。机尾待安装的液压支架应提前安放在材料巷超前支护范围内（见图 2-6），作为工作面材料巷超前支护，安装空间形成后，依次安入工作面内。

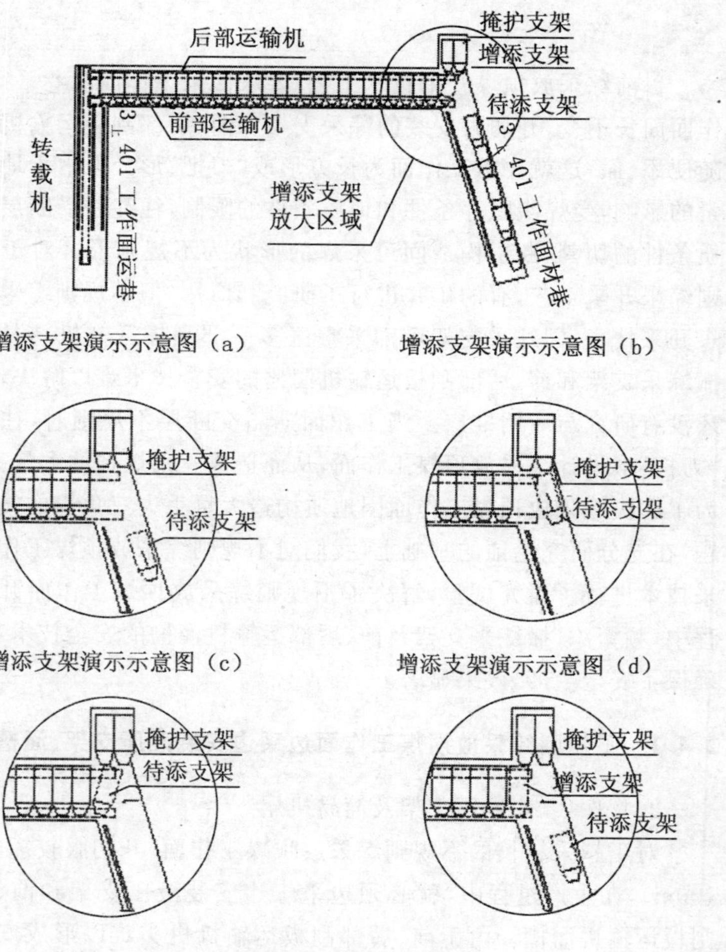

图 2-6　综放不规则工作面支架增添示意图

工作面面长较短时，切眼安装液压支架较少，根据运输机型号要求，SGZ-830/800 型刮板运输机机头单电机，完全能达到 120m 的运输长度。为便于在机尾处安装后部溜槽和安装支架，后部运输机可不安装机尾电机与减速箱，使用简易机尾，单机运转，这样边推采边安装支架与溜槽比较方便顺利。待工作面长度达 120m 时，再安装后部刮板运输机机尾电机与减速箱。

2.4.1.2　在后部刮板运输机机尾采空区侧预留两组掩护液压支架支护顶板

安装完简易机尾后，生产过程中，在后部运输机尾叉后布置两组撤掉尾梁的同型号的液压支架（见图 2-7）。该两组支架始终保持在工作面刮板运输机机尾第一个支架后侧和材巷内，两组支架的推拉道与后部刮板运输机机尾的底托板连接，随着推采在拉移完后部刮板运输机机尾电机后，随之向前拉移该两组支架。这样使用支架前梁和顶梁支护后部刮板运输机机尾的顶板的支护方式，一方面，为安装后部溜槽提供了充足的安全工作空间，而且支护完好，极大地提高了工作效率，减少了单体支柱的使用，减轻了工作人员维护顶板的劳动强度；另一方面，利用两个掩护支架支护后部刮板运输机机尾顶板，有效解决了因随采随向里面收缩机尾而出现垮落顶板压电机的困难。

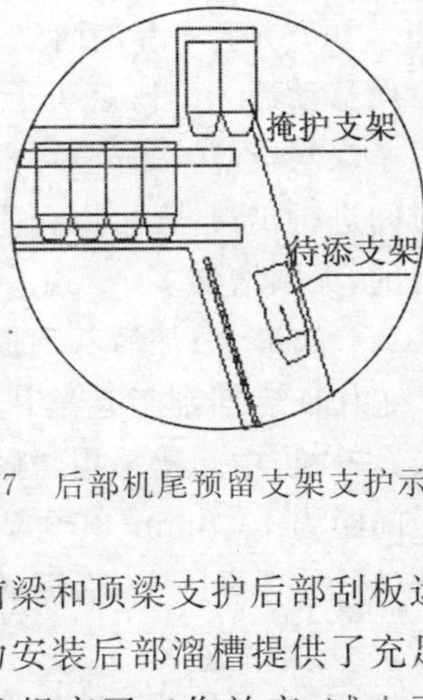

图 2-7　后部机尾预留支架支护示意

2.4.1.3　后部机尾电机和减速箱反跨采空区侧

在后部机尾采空区侧留完两组液压掩护支架后，对后部运输机机尾进行改造，采取将后部机尾的电机、减速箱安装到采空区一侧。这是因为一般的综采放顶煤工作面，后部刮板运输机机尾电机与减速箱都是安装在工作面侧，但是在工作面推采过程中添加的是普通支架，普通支架后部空间狭小，而后部运输机的电机与减速箱和尾叉的宽度达到 2.2m，会导致后部运输机尾拖后，致使后部运输机机尾后支护困难，如此一来解决了添加液压支架造成的后部运输机电机、减速箱空间不足的问题。

2.4.1.4　机尾煤壁扩帮实行沿断层带回采

由于巷道顶板为锚杆钢筋梯配锚索支护，随推采顶板随垮落，致使后部电机处空间支护难度大，靠近面内的掩护支架拉移也较困难。针对此，我们在非工作面侧煤帮实施扩帮 2m，采用液压单体配 1.0m 一字梁沿走向支护，这样可使后部电机与减速箱向机尾方向移动近 2m，既解决了巷道宽度小制约后部支护的难题，又回收了煤炭资源。另外，可根据检修班的工作量，利用检修不生产的时间进行扩帮，也可以在生产班中进行扩帮，已达到不影响进度的目的，无须增加多余人工。

2.4.1.5　添加后部刮板运输机溜槽

工作面后部刮板运输机为型号为 SGZ-830/800 的中心双链刮板运输机，中间槽采用封底结构，刮板链采用 ø34×126 型链条，刮板间距为 1008mm(8 环)，刮板固定在平环上，使用 E 型螺栓，三条(M24)螺母固定，刮板的最长端朝向链条运行方向。具体操作过程如下：

(1)工作面刮板运输机增添中间槽时，先把上链掐开，再在过渡槽后把挡煤板、哑铃销、销排、销子、螺栓等连接件拆开，将刮板运输机机尾用千斤顶或手拉葫芦拆开足够的空间。

(2)将溜槽运到位后，在刮板运输机机尾拆开的空间处安装溜槽，用哑铃销连接上齐挡销。每增添 8～12 节中间槽后安装一节开口槽。

(3)增添上链、上齐刮板，调试链条松紧合适。

2.4.1.6　加强机尾端头维护强度，确保安装溜槽和支架的安全

由于在推采过程中，边推采边添加的液压支架为基本支架，基本支架的后部空间很小，所以为保证施工人员的安全，在生产班推采过程中，对刮板运输机机尾保持 5 个液压支架铺设双层金属网，同时每循环使用 4.0m 长的直径不小于 200mm 的圆料进行接顶，以便每次添加后部溜槽时，保证施工人员在液压支架后狭小空间的人身安全。对于端头支护由于频繁的回单体支柱、靠液压支架，为此在割完刮板运输机机尾后每循环使用 4.0m 长的圆料进行接顶，使用方向沿倾向使用，同时伸出机尾第一个液压支架外 1.0m，确保下一个所安装支架能压住所使用的大料。为了确保顶板的支护完好，每隔一个循环使用一根 4.0m 的长工字钢进行支护，紧靠机尾的第一个支架使用两根 4.0m 的 π 型钢交替迈步使用进行支护机尾所形成的空间，在安装支架前先卸掉 π 型钢，使用单体支柱进行点柱临时支护，待支架靠上后，再使用 π 型钢将剩余的空间支护好。

2.4.1.7　添加前部刮板运输机溜槽

程序同添加后部刮板运输机溜槽一样。

2.4.1.8　更换短节链条

在添加完前、后部运输机溜槽后，由于每添加一节溜槽，链条相应会增加 3.0m，当溜槽添加 8 节后，链条会增加 8 段短节链条即 24m。为循环利用短节链条，将 8 段 3m 的短链条用长链条更换下来，循环使用，节约了截链时间，提高了安装速度，降低了机械事故，确保了安全生产。

2.4.2　不规则综采放顶煤工作面边采边撤除支架与溜槽技术

2.4.2.1　掩护支架的回撤

工作面进入撤除阶段后，首先将机尾电机和减速箱改至运输

机的前方(即正跨电机、减速箱),同时将拖后的两个掩护支架先撤除。

2.4.2.2　撤除基本液压支架

对于越采越短的不规则综采放顶煤工作面,机尾要多安装端头支架,从机尾逐架进行回撤,回撤后机尾依然由端头支架支护。由于端头支架支护强度高达 0.79MPa,工作阻力达 5500KN,对撤除后部期间的顶板起到了良好的支护效果,保证了机尾顶板的稳定,并且提供了有效的空间,保障了作业人员的安全。为保证下一步基本液压支架的撤除,机尾要保留两架端头支架不撤。

为确保撤除期间机尾的顶板安全,方便快捷地撤除普通支架和溜槽,始终采取抽出第三号液压支架的撤除方案(见图 2-8),在机尾侧始终留设两个端头支架,用来支护机尾端头三角区域的顶板,同时根据端头支架的技术和结构特性,达到对后部机尾的电机和减速箱进行有效保护的作用。

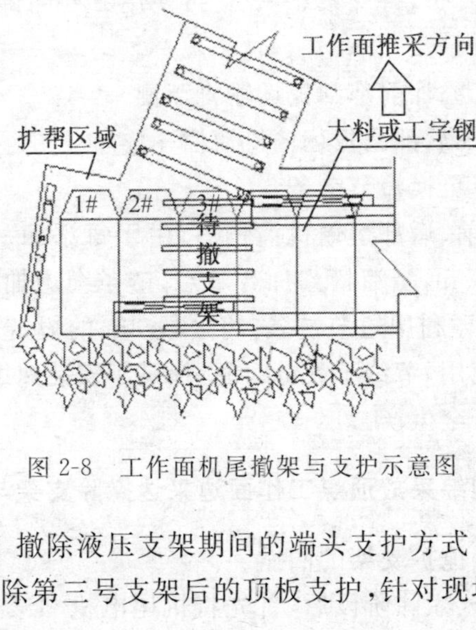

图 2-8　工作面机尾撤架与支护示意图

2.4.2.3　撤除液压支架期间的端头支护方式

为保证撤除第三号支架后的顶板支护,针对现场情况,采取了多种复合支护形式，确保撤除期间的顶板安全和撤除时施工人员的安全。

为方便撤除的支架外运，超前维护由原来的一字梁支护改为使用工字钢支护，单体靠帮支护，工字钢的排间距为1.0m，这样形成的撤架通道既能满足巷道支护，又能满足支架撤除所需的撤除空间，方便人员操作和装架操作。

在撤除第三号支架前，在生产班推采过程中，对机尾保持5个支架铺设双层金属网，在进行完每个循环时使用4.0m长的圆料或者工字钢在第三号支架和第四号支架进行接顶，所使用的圆料或者工字钢必须搭在两边的支架上，这样在撤除第三号支架后横在相邻支架上的圆料或者工字钢能托住撤除支架形成的空间，特别是有利于施工人员在足够的安全空间撤除后部运输机溜槽。

为使第三号支架能正对大巷，大巷本身的宽度为3.2m，支架的宽度为1.5m。巷道的宽度不能满足第三号之间正对大巷，所以在非工作面侧，实行材巷带采，带采的宽度为1.5m，高度与巷道的高度一致，正好够安一个支架，足够使第三号支架能正对材料巷，满足撤除空间的要求。

2.4.2.4 撤除前、后部运输机溜槽

程序同添加前、后部刮板运输机溜槽一样。

2.4.2.5 使用装车平台撤除支架和溜槽

在工作面边推采边撤除液压支架、溜槽阶段，所回撤的支架与溜槽需要装车运走，每组支架的质量在18000kg左右，在井下大巷整架装车起吊非常困难，为了快速安全地装车运走，专门设计研究了装车平台进行装车封车(见图2-9)。先将装车平台与轨道连接好，稳住平板车，然后使用回柱绞车，将支架拉移到平台前，再将支架拉上平台上的平板车上，调整好支架座在平板车上的位置，然后封车运走，完成装车过程，较原来的起吊式装车安全性能大大提高。

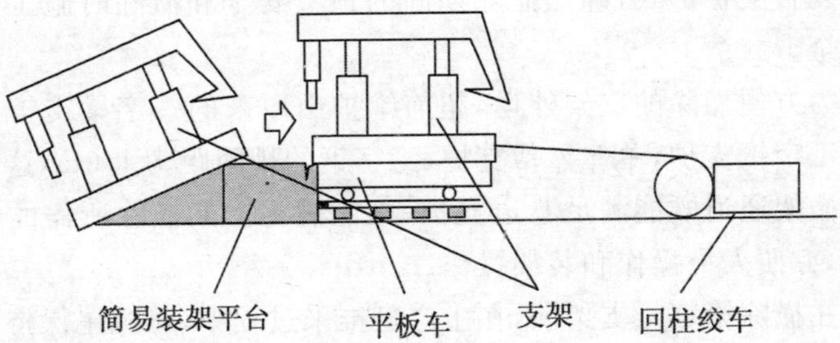

图 2-9　简易装架平台示意图

2.5　不规则综采放顶煤工作面开采技术应用

2.5.1　矿井概况

枣庄矿业集团付村煤业有限公司为全隐蔽式煤田，含煤地层为石炭—二叠系，煤系基盘为奥陶系马家沟组，上覆地层为侏罗系和第四系。主要含煤地层为山西组和太原组，共含煤 18 层，其中可采和局部可采煤层 5 层($3_{上}$、$3_{下}$、$12_{下}$、14、16 煤)，可采煤层平均总厚度为 10.25m，主要含煤地层平均总厚度为 278m，含煤系数为 3.69%。付村煤矿以付村向斜为主体构造，区内地层呈现宽缓褶皱形态，一般走向北东，倾角为 5°～10°，局部最大达 15°。$3_{上}$ 煤层标高为－150～－670m，$3_{下}$ 煤层标高－160～－700m。

2.5.1.1　煤层在含煤地层中的分布及组合特征

本井田山西组含煤 3 层，即 2、$3_{上}$、$3_{下}$ 煤层，其中 $3_{上}$、$3_{下}$ 煤为主要可采煤层；2 煤产出不稳定，为不可采煤层。$3_{上}$、$3_{下}$ 煤总厚度为 7.83m，山西组地层厚度为 116m，含煤系数为 6.75%。

太原组含煤 15 层，即 4 煤～18 煤，其中 $12_{下}$、14、16 煤为局部可采煤层,其他煤层均不可采。$12_下$、14、16 煤总厚度为 2.42m,太原组地层厚度为 162m,含煤系数为 1.49%。

2.5.1.2 主采煤层特征

$3_上$ 煤层:位于山西组中下部,为井田最稳定的主要可采煤层,下距 $3_下$ 煤平均 16.0m,顶板岩性一般为细砂岩和砂质泥岩,底板岩性则主要为粉砂岩、砂质泥岩。煤层厚度为 2.23～8.53m,平均厚度为 4.45m,属厚煤层,煤层厚度稳定,多在 3～5m 之间,基本上全区可采。煤层结构较简单,仅局部见有一层夹石,厚度一般小于 0.2m,局部最大厚度为 1.3m。岩性以黏土岩为主,位于煤层中下部,局部见有古河流冲刷现象,冲刷部位只限于煤层顶底板,煤层基本未受影响。总之,$3_上$ 煤为结构较简单的稳定煤层。

$3_下$ 煤层:位于山西组下部,为井田主要可采煤层,下距太原组 $12_下$ 煤平均 96.5m,下距三灰平均 45m,顶板岩性以中细粒砂岩、砂质泥岩为主,底板岩性主要为粉砂岩、细砂岩等。煤层厚度为 0～6.25m,平均为 3.38m。井田北部边缘第 5 勘探线有一狭长条带,因受河床相砂岩同期冲刷形成无煤带,东二辅助采区实际采掘证实 $3_下$ 煤层受火成岩侵蚀约 0.6km^2,其余大面积稳定可采,厚度变化幅度较小,一般在 4m 左右,属稳定至较稳定煤层,煤层结构较复杂,夹矸一般只有一层,且位于煤层下部,厚度多小于 0.6m,最大厚度为 1.74m。岩性以黏土岩、粉砂岩为主。

2.5.1.3 煤质

山西组 $3_上$、$3_下$ 煤为黑色,似玻璃光泽,性脆,断口多为阶梯状,具有明显的线理状、条带状结构,层状构造。煤岩类型为半亮—半暗型。

井田内煤质稳定,其成因类型属腐殖煤,变质程度为中等变质阶段的烟煤,以区域变质作用为主,个别煤层局部边缘因岩浆活动使煤层变为天然焦,但影响范围很小。

2.5.2 矿井生产现状

付村煤业有限公司隶属于枣矿集团，始建于 1992 年 11 月，1998 年 8 月建成投产。矿井位于滕南煤田南部，地处微山县境内，南临微山湖，西抵邵阳湖，毗邻 104 国道，矿区专用铁路线与京沪铁路接轨，京杭运河流经付村井田，水陆交通运输十分方便。矿井井田面积约为 24.91km^2，工业储量 2.38 亿 t，可采储量 1.01 亿 t。矿井设计能力为 120 万 t，经过几次改造，目前矿井核定生产能力为 270 万 t。其现主采区为东四、东十采区，主采煤层为 $3_上$、$3_下$ 煤，$3_上$ 煤平均厚度为 5.3m，$3_下$ 煤平均厚度为 4.0m，现分别采用综采放顶煤技术和综采一次采全高技术开采。

付村煤业有限公司目前 $3_上$ 煤层以综采放顶煤工艺为主，$3_下$ 煤层以综采为主，现工作面两巷均沿煤层底板掘进，巷道掘进宽度 4.0m，巷道掘进高度 2.8m。年推采回采巷道分别为 $3_上$ 煤层 5000m 和 $3_下$ 煤层 2000m，目前在煤炭采出率方面存在的主要问题，一是受断层影响时，综采放顶煤工作面均以长方形和“刀把形”设计布置综采放顶煤工作面，三角煤柱丢失严重，据统计每年达 10 万 t 以上。二是井田范围内探明断层煤柱留设大，未采取措施采出，每年达 10 万 t 以上。针对综采放顶煤工作面存在的问题，付村煤业有限公司从 2008 年 6 月到 2010 年 6 月，逐步进行综采放顶煤工作面沿断层无煤柱不规则开采的研究与实践，先后在 $3_上$ 218、$3_上$ 411、$3_上$ 403①、$3_上$ 403②、$3_上$ 401 5 个不规则综采放顶煤工作面进行了研究试验，并取得了成功，共采出煤炭 286.8 万 t，多采出煤炭 62 万 t，创造效益 6 亿元以上，成功解决了综放工作面回采过程中，频繁添、撤综采支架及前、后部运输机溜槽的技术工艺和顶板支护难题，确保了安全生产，效益巨大。此项研究应用成果已在枣矿集团得到了全面推广。

2.5.3　$3_{上}$ 401 综放工作面概况

$3_{上}$ 401 综放工作面位于东四采区西南部，东以 F14 断层（$H=17\sim35$m）为界，西邻落差 16m 的尹家洼支断层及落差 10～65m 的尹家洼断层，$3_{上}$ 401 工作面煤厚稳定，平均为 5.43m，顶板岩性一般为细砂岩和砂质泥岩，底板岩性则主要为粉砂岩、砂质泥岩。回采工作面布置如 2-10 所示。工作面切眼面长 90m，工作面最长时达 238.5m，结束时为 180m；工作面走向长度为 858m，工业储量 112.8 万 t；工作面初始切眼共安装液压支架 60 架，随工作面推采支架添加到 159 架，最后撤减到 120 架。工作面材巷净宽 3.9m，净高 3.0m。根据工作面切眼与材巷的角度关系计算，添安支架段，每推采 4.76m 添安一组综采支架及相应溜槽；撤减支架段，每推采 4.29m 回撤一组综采支架及相应溜槽。

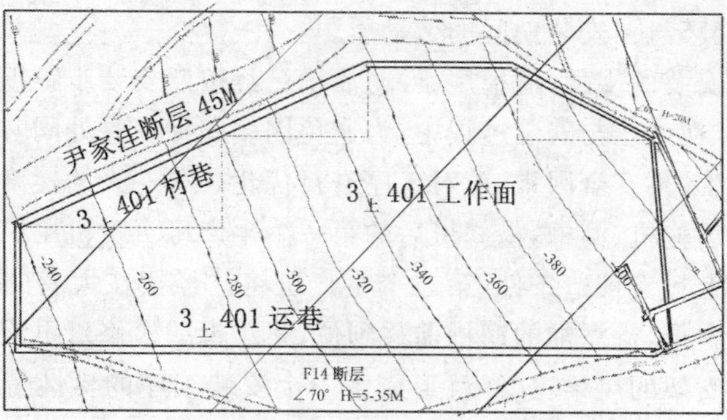

图 2-10　$3_{上}$ 401 工作面平面示意图

2.5.4 $3_上$ 401 工作面的主要设备及型号参数

$3_上$ 401 工作面的主要设备及型号参数如表 2-1 所示。

表 2-1 $3_上$ 401 综放工作面设备型号及主要参数

设备名称	型号	设备名称	型号
端头支架	ZTF5500-18/32	基本支架	ZFS5200-17/33(B)
采煤机	MG250/600-QWD	前部刮板运输机	SGZ-830/800
后部刮板运输机	SGZ-800/800	转载机	SZZ-830/250
破碎机	PCM1500		

2.5.5 劳动组织与施工

2.5.5.1. 安装期间的劳动组织

所安装的支架(撤掉尾梁)与溜槽已经按照安装步距提前在巷道摆好,在生产与安装过程中,为避免因多工种在此处同时施工而造成窝工、不安全因素,应对工序进行优化。第一天的检修班先安装后部运输机、溜槽,检修班后的第一个生产班负责机尾扩帮和机尾端头上料支护造条件,第二个生产班将已经摆在大巷的待安装支架靠到位,待添加的溜槽前移到位,第二天的检修班再添加前部溜槽和支架的尾梁,这样就形成了一个安装工序的良性劳动组织循环,同时提高了添加溜槽的速度。具体过程如图 2-11 所示。

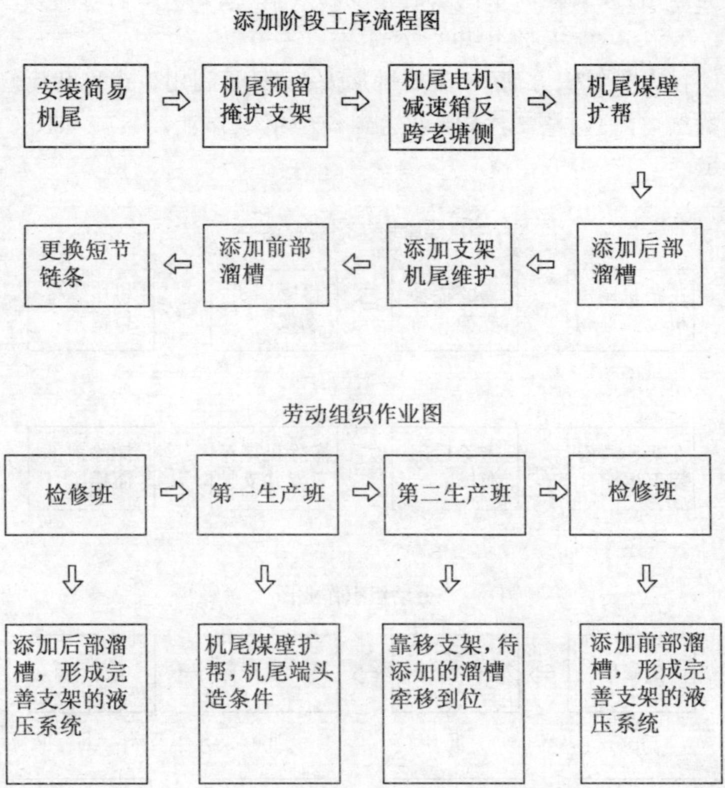

图 2-11　添加阶段工序流程及劳动组织

2.5.5.2　撤除期间的劳动组织

在撤除第三架时，为了使第三架始终正对巷道便于直接回撤，采取对巷道非工作面侧进行带采扩帮。撤除时分为两步：第一步是检修班撤除前部运输机溜槽，并且始终保持前部运输机溜槽比后部运输机少一节，生产班接班后根据情况，直接撤除第三架支架，有效解决前部运输机制约撤除的难题。第二步是次日检修班对后部运输机溜槽撤除，撤除的后部运输机溜槽从第三架撤除的空间运出，大大提高了撤除的速度和效率，减少了影响时间。

2.5.5.3　人员组织

在人员组织方面，不需要增加人工，只是利用生产班和检修班的特点，合理调整工序，便可达到科学组织作业。具体如图 2-12 所示。

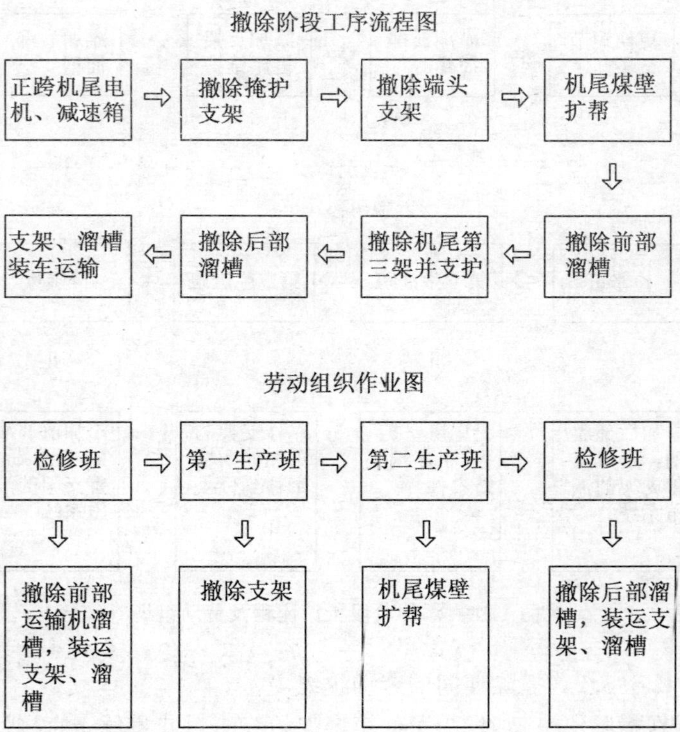

图 3-12　撤除阶段工序流程及劳动组织

2.5.6　经济效益分析

$3_上$ 401 工作面如图 2-10 所示，虚线为原综放工作面设计方式，实线为不规则综采放顶煤工作面沿断层布置方式。材巷在紧贴断层布置的情况下，从切眼位置向外 500m 的材巷与工作面成 107°的钝角；从材巷的 500m 位置向外 204m 的巷道与运巷平行；从材巷的 704m 位置向外 194m 的巷道与工作面成 73°的锐角。如此布置该工作面后，在回采过程中，前期边推采边在材巷每隔 4.76m 就安装 1 架液压支架和 1 节溜槽，后期每隔 4.24m 就回撤 1 架液压支架和 1 节溜槽。综采放顶煤工作面沿断层不规则布置，采出了原"刀把"形设计丢失的 3 块三角煤柱和断层煤柱，减少煤炭资源丢失。其经济效益计算如下：

(1)三角煤 1：煤炭量为：$250m \times \sin17° \times 250m \times \cos17° \times 0.5 \times 5.43m \times 1.35t/m^3 \times 95\% = 60850t$。

(2)三角煤 2：按与三角煤 1 同等条件计算煤炭量为：60850t。

(3)三角煤 3：体积为：$194m \times \sin73° \times 194m \times \cos73° \times 0.5 \times 5.43m \times 1.35t/m^3 \times 95\% = 36640t$。

(4)材巷实行沿断层掘进，采出断层煤柱量：$(500+194)m \times 15m \times 5.43m \times 1.35 \times 95\% = 72495t$。

(5)减少开切眼大断面(7m)掘进工程量 148.5m，节约支护材料费、人工费、安装费 300 余万元，同时减少初采顶煤丢失 3290t。

综上所述，不规则综采放顶煤工作面沿断层布置仅 $3_上$ 401 工作面可多采出煤炭资源 230835 多吨，按每吨 960 元计算，可创经济效益 2.21 亿元以上。煤炭采出率提高了 25.6%，并实现了安全高效生产。

第三章
放顶煤开采沿断层托顶煤巷道支护技术

3.1 矿井巷道支护理论研究现状

20 世纪初，以海姆（A. Haim）、朗金（W. J. M. Rabkine）和金尼克（A. H. Динник）为代表的古典压力理论认为，作用在支护结构上的压力是其上履岩层的质量，即 γH。其不同之处是 A. Haim 认为侧压系数为 1，朗金和金尼克他们认为只有垂直压力等于 γH，而水平压力应为 γH 乘一个侧压系数 λ。朗金根据松散理论认为 $\lambda=\tan^2(\pi/4-\varphi/2)$；而金尼克根据弹性理论的泊松效应认为 $\lambda=\nu/(1-\nu)$，其中，γ、ν、φ 分别为上覆岩层的容重、泊松比和内摩擦角，H 为地下岩石工程所在深度。由于当时地下工程埋藏深度较浅，因而认为这些理论是正确的，但是随着开挖深度的增加，人们发现古典压力理论很多方面不符合实际。随后产生了塌落拱理论，人们开始用材料力学和结构力学的方法分析地下工程的支护问题，其中最有代表性的理论是普罗托吉雅柯诺夫提出来的自然平衡拱理论，即普氏理论。该理论认为围岩开挖后自然塌落成抛物线拱形，作用在支架上的压力等于冒落拱内岩石的质量，只是上覆岩石质量的一部分，因此支护结构上的荷载大小和分布情况成了地下岩石工程支护设计的前提条件。太沙基（K. Terzaghi）也提出了相似的理论，但他认为塌落拱的形状不是抛物线拱形而是矩形。以后的研究则证明了围岩的塌落并不是形成围岩压力的唯一来源,围岩和支护之间并不完全是荷载和结构的关系问题。但上述理论在一定历史时期和一定条件下还是发挥了一定作用,塌落拱理论的最大贡献是提出巷道围岩具有自承能力。

20 世纪 30 年代到 50 年代,岩石力学学科得到了重要发展,人们用弹性力学和塑性力学来研究岩石问题,结构面对岩体力学性质的影响受到重视。在此经典理论发展阶段,形成了"连续介质理论"和"地质力学理论"两大学派,并且确定了一些经典计算公式,形成了围岩与支护共同作用的理论,其中最著名的是芬纳(R. Fenner)公式和卡斯特纳(H. Kastner)公式。岩石力学发展到该阶段已成为一门独立学科。但是早期的连续介质理论忽视了对地应力作用的正确认识,忽视了开挖的概念和施工因素的影响,由于岩石材料的非线性,忽视施工过程的计算结果难以用于工程实践。此外,连续介质理论过分注重对岩石"材料"的研究,过分追求准确无误的结构关系,但是由于岩体组成结构的复杂性和多变性,想要把岩体材料的性质和结构关系完全弄准确是不可能的。而事实上,在岩体工程的计算中,存在大量的不确定因素,如岩石的结构、性质、节理裂隙、工程地质条件等均存在大量不确定因素,因此传统连续介质理论作为一种确定性研究方法不适合用于解决岩石工程问题。

20 世纪 60 年代,奥地利工程师 L. V. Rabcewicz 在总结前人经验的基础上,提出了一种新的隧道设计施工方法,称为新奥地利隧道施工方法(New Austrian Tunneling Method),简称"新奥法"(NATM)。该方法特别适合现代岩石力学理论,目前已成为地下工程的主要施工方法之一。1978 年,米勒(L. Müller)全面论述了新奥法的基本原则和指导思想并将其总结为 22 条。新奥法的核心是利用围岩的自承能力来支撑隧道,促使围岩本身变为支护结构的重要组成部分,让围岩与构筑的支护结构共同形成坚固的支承体。新奥法提出后，在世界各地得到了广泛应用，但不同的应用者对它的解释还存在许多不一致的地方。一些实际工程盲目地把新奥法应用于不适宜的地质条件，从而使这些工程出现了一些问题，甚至有的巷道出现了支护大面积垮落、坍塌等事故，导致了巨大浪费和损失。

日本山地宏和樱井春辅提出了围岩支护的应变控制理论，认为隧道围岩的应变随支护结构的增加而减少，而容许应变随支护结构的增加而增大。因而通过增加支护结构，就能较容易地将围岩应变控制在容许范围之内。20 世纪 70 年代，M. D Salamon 等人提出了能量支护理论，该理论认为支护结构与围岩相互作用，在共同变形过程中，围岩释放出一部分能量，支护结构吸收一部分能量，总能量不变；他们主张利用支护结构的特点，使支架自动调整围岩释放的能量和支护体吸收的能量，支护结构具有自动释放多余能量的功能。

20 世纪 80 年代，我国的软岩巷道支护问题的相关理论也进入了一个新阶段。于学馥、乔端于 1981 年提出了“轴变论”理论。该理论认为巷道坍落可以自行稳定，可以用弹性理论进行分析，围岩破坏是由于应力超过岩体强度极限引起的，坍落改变巷道的轴比，导致应力重新分布。应力重新分布的特点是高应力下降，低应力上升，并向无拉力和均匀分布发展，直到稳定为止。应力均匀分布的轴比是巷道最稳定的轴比，其形状为椭圆形。

冯豫、陆家梁、郑雨天、朱效嘉等提出的联合支护技术是在新奥法的基础上发展起来的。该理论指出：巷道支护不能只强调支护刚度，要先柔后刚，先抗后让，柔让适度，稳定支护。由此发展起来的支护技术有锚网喷技术、锚喷网架技术、锚网带架等联合支护技术。

孙钧、郑雨天和朱效嘉等提出的锚喷—弧板支护理论是对联合支护理论的发展。该理论主要强调指出：对软岩总是强调放压是不行的，放压到一定程度，要坚决顶住，即采用高标号、高强度钢筋混凝土弧板作为联合支护理论先柔后刚的刚性支护形式，坚决限制和顶住围岩向中空位移。

中国矿业大学董方庭教授提出的松动圈理论的主要内容是：凡是坚硬围岩的裸体巷道，其围岩松动圈都接近于零，此时巷道围岩的弹塑性变形虽然存在，但不需要支护。松动圈越大，收敛变形越大，支护难度就越大。支护的目的是防止松动圈发展过程的有害变形。

主次承载区支护理论是由方祖烈教授提出的，该理论认为巷道开挖后在围岩中形成拉压域。压缩域在围岩深部体现围岩的自承能力，是巷道稳定的主承载区。张拉域在巷道周围，通过支护加固形成一定承载力，称为次承载区，与主承载区相比，它只起辅助承载作用。主、次承载区的共同协调作用最终决定巷道的稳定状态。支护对象为张拉区，支护结构和支护参数要根据主、次承载区相互作用过程的动态特点来确定，支护强度要一次到位。

何满潮运用工程地质学和现代大变形力学相结合的方法，通过分析软岩变形力学机制，提出了以转化复合型变形力学机制为核心的一种新的软岩巷道支护理论。它包括软岩的定义、软岩的基本属性、软岩的连续性、软岩变形力学机制、软岩支护载荷的确定、软岩非线性大变形力学设计方法等。

何满潮、高尔新根据煤矿软岩的变形力学机制，提出耦合支护力学原理，指出目前煤矿软岩巷道支护存在的主要问题是支护体与围岩之间的强度和刚度的不耦合问题，进而阐述了耦合支护的研究思路，从而为工程实践提供了理论指导。

3.2 巷道锚杆支护技术研究现状

自1912年德国谢列兹矿最先采用锚杆支护井下巷道以来，锚杆支护技术至今已有一百多年的历史，已经成为地下工程建设常用的一种较新型支护技术。锚支护有许多优点，能够显著提高巷道支护效果，增加安全度，节约钢材，降低支护成本，减轻劳动强度，改善井下作业环境，而且维护费用低，施工轻便。但锚杆支护的广泛应用则是在最近四五十年。锚杆支护以美国和澳大利亚发展最迅速，他们的锚杆支护技术水平居世界前列。美国于1947年正规采用锚杆支护矿巷道和工作面顶板。20世纪50年代，锚杆支护机理的发展达到高潮，Louis、Panek、Jacobio、T. L. Rabeewic和T. A. Lang等人相继提出了悬吊、组合梁和组合拱理论，进一步促进了锚杆支护技术的推广应用。20世纪80年代以后，其他一些国家也大力开展和应用了锚杆支护。我国的锚杆支护是在1956年开始研究的，由于技术条件原因，锚杆支护的发展一直较为缓慢，直到90年代才得到迅速发展。锚杆支护是一种主动支护形式，代表了巷道支护的发展方向。在锚杆支护设计过程中，锚杆支护理论是设计的基础，是支护设计的关键部分。

3.2.1 国外锚杆支护理论

目前，国外对锚杆支护的机理研究较多，可归纳为以下几种：

3.2.1.1 悬吊理论

悬吊理论是由Loui SA. Panek于1952年提出的，他认为锚杆支护的作用就是将已松动的岩块悬吊于稳定的岩体上，或者将较软弱岩层悬吊在上部稳固的岩层上，使其不易与原岩体分离，如图3-1所示。对于巷道揭露的层状岩体，直接顶板均有弯曲下沉

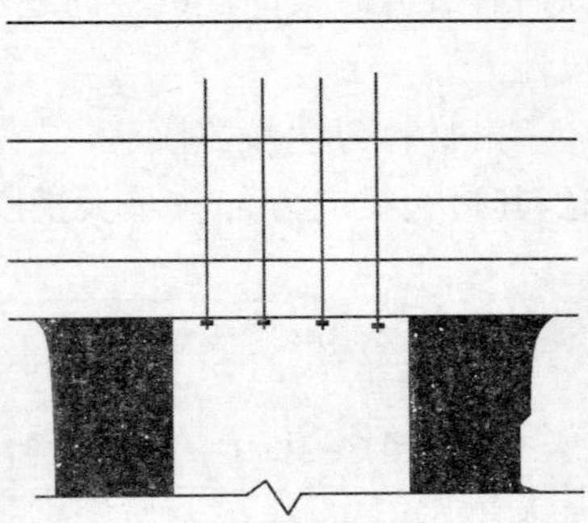

图 3-1　悬吊作用示意图

变形趋势，如果使用锚杆及时将其挤压，并悬吊在老顶上，直接顶板就不会与老顶离层乃至脱落。锚杆的悬吊作用主要取决于所悬吊的岩层的厚度、层数及岩层弯曲时相对的刚度与弹性模量，还受锚杆长度、密度及强度等因素的影响。这一理论提出得较早，满足其前提条件时，有一定的实用价值。但是大量的工程实践证明，即使巷道上部没有稳固的岩层，锚杆亦能发挥支护作用。例如，锚杆锚固在较软弱矿层中也能达到支护的目的，说明这一理论有局限性。锚杆的长度、锚固力与岩层之间的关系为：

$$\begin{cases} Q \geqslant (1.5 \sim 2)G \\ L = \lambda H + l_1 + l_2 \\ \alpha = \sqrt{Q/\lambda H \gamma} \end{cases} \tag{3-1}$$

式中，Q 为锚固力；G 为锚固段岩层自重；L 为锚固长度；l_1 为锚固长度；l_2 为外露长度；H 为锚固层厚度；γ 为岩层平均容重；λ 为侧压系数。

3.2.1.2　组合梁理论

组合梁理论认为巷道顶板中存在着若干分层的层状顶板，可看作是由巷道两帮作为支点的一种梁，这种岩梁支承其上部的岩层载荷如图 3-2 所示。使用锚杆将各层“装订”成一个整体的组合梁，防止岩石沿层面滑动，避免各岩层出现离层现象。在上覆岩层荷载作用下，这种较厚的组合梁与单纯的叠加梁相比，其最大弯曲应变和应力将大大减小，挠度亦减小，而且各层间摩擦阻力愈大，整体强度愈大，补强效果愈好。但是，这种理论在处理岩层沿巷道纵向有裂缝时梁的连续性问题和梁的抗弯强度问题时有一定的局限性。

由材料力学知，对于多层叠合梁，如图 4-2(a)中无锚杆加固时，其最大拉应力 σ_t 和最大挠度 $f_{\max}$ 为：

$$\sigma_t = \frac{3ql^2}{4\sum_{i=1}^{n} nb_i h_i^2}, f_{\max} = \frac{15ql^4}{96En\sum_{i=1}^{n} b_i h_i^3} \tag{3-2}$$

对于图 3-2(b)中有锚杆加固的组合梁，其最大拉应力 σ_t 和最大挠度 $f_{\max}$ 为：

$$\sigma_t' = \frac{3ql^2}{4n^2\sum_{i=1}^{n} b_i h_i^2}, f_{\max}' = \frac{15ql^4}{96En^3\sum_{i=1}^{n} b_i h_i^3} \tag{3-3}$$

在上面两式中，q 为荷载集度；l 为组合梁长度；n 为组合梁总数，b_i 为组合梁第 i 层宽度；h_i 为组合梁第 i 层高度。

因此组合梁的最大拉应力是叠合梁的 l/n，最大挠度是叠合梁的 $1/n^2$。这说明对层状岩体，锚杆加固改善了岩层的受力状态。

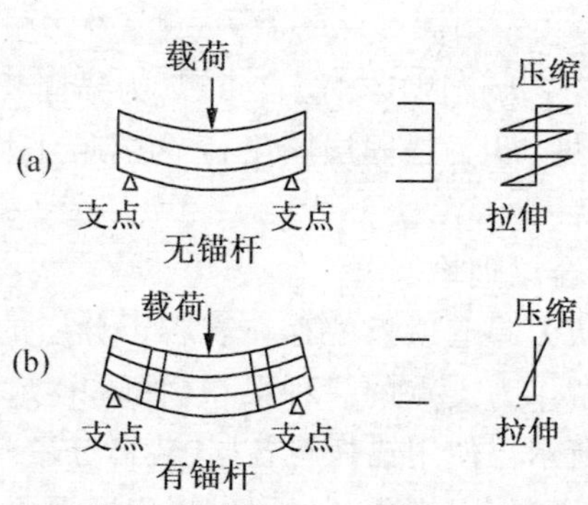

(a) 无锚杆的叠合梁　　(b) 锚杆加固的叠合梁

图 3-2　组合梁作用示意图

3.2.1.3 组合拱理论

组合拱理论是由兰氏(TA Lang)和彭德(Pender)通过光弹试验提出来的。组合拱理论认为,在拱形巷道围岩的破裂区中,安装预应力锚杆时,在杆体两端将形成圆锥形分布的压应力,如果沿巷道周边布置的锚杆间距足够小,各个锚杆的压应力相互交错,这样就使巷道周围的岩层形成一种连续的组合带(拱),如图 3-3 所示。这个组合拱可承受上部岩石的径向载荷,如同岩体起到岩层补强的作用,承载外围的压力。组合拱理论的不足是缺乏对被加固岩体本身力学行为的进一步讨论,与实际情况有一定差距,在分析过程中没有深入探索围岩—支护的相互作用机理。

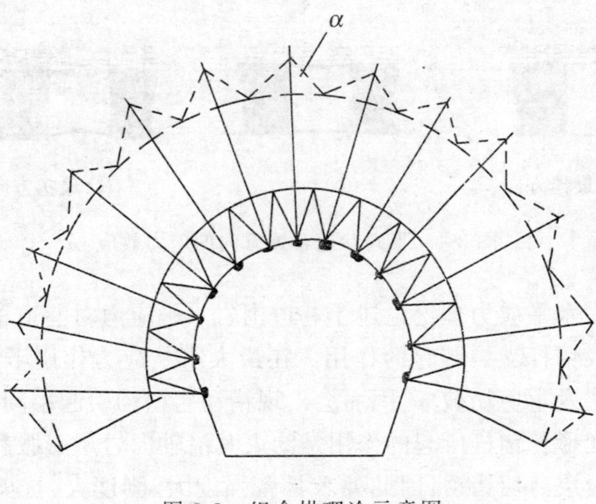

图 3-3 组合拱理论示意图

3.2.1.4 最大水平应力理论

澳大利亚学者盖尔(WJ Gale)在 20 世纪 90 年代初提出了最大水平应力理论。该理论认为:矿井岩层的水平应力一般是垂直应力的 1.3～2.0 倍。水平应力有方向性,最大水平应力一般为最小水平应力的1.5～2.5倍。巷道顶底板的稳定性主要受水平应力影响，且有三个特点：①与最大水平应力平行的巷道受水平应力影响最小，顶底板稳定性最好；②与最大水平应力成锐角相交的巷道，其顶板变形破坏偏向巷道某一帮；③与最大水平应力垂直的巷道，其顶底板稳定性最差(见图3-4)。

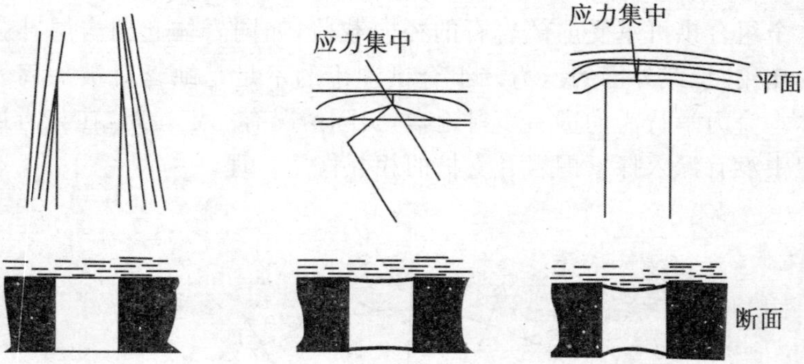

图3-4 不同巷道布置方向的应力效应

最大水平应力理论论述了巷道围岩水平应力对巷道稳定性的影响以及锚杆支护所起的作用。在最大水平应力作用下，巷道顶底板岩层发生剪切破坏，因而会出现错动与松动引起层间膨胀，造成围岩变形。锚杆所起的作用是约束其沿轴向岩层膨胀和垂直于轴向的岩层剪切错动，因此要求具备强度大、刚度大、抗剪阻力大的高强锚杆支护系统。

3.2.2 国内锚杆支护理论

近十几年来，国内很多学者对锚杆的作用机理做了大量的深入研究与探讨，进一步揭示了锚杆支护的实质，促进了锚杆支护理论研究的发展，扩大了锚杆支护技术应用的范围。主要理论如下：

3.2.2.1　全长锚固中性点理论

全长锚固中性点理论由东北大学王明恕教授等提出。该理论认为，在靠近岩石壁面部分（锚杆尾部），锚杆阻止围岩向壁面变形，剪力指向壁面。在围岩深处（锚杆头部），围岩阻止锚杆向壁面方向移动。锚杆上的剪力指向相背的分界点，称为中性点，该点处剪应力为零，轴向拉应力为最大。由中性点向锚杆两端剪应力逐渐增大，轴向拉应力逐渐减小。该理论近年在国内理论分析中其“中性点”观点被普遍接受，但其理论形式还存在着一定的争议，因为它难以解释锚杆尾部的断裂机理，有人认为是该理论假设未设托盘之故。

3.2.2.2　围岩松动圈巷道支护理论

围岩松动圈巷道支护理论是由中国矿业大学董方庭教授对巷道围岩状态进行了深入研究后提出的。研究发现，围岩松动圈的存在是巷道的固有特性，它的范围大小（厚度值 L）目前可以用声波仪或者多点位移计等测定。巷道支护的主要对象是围岩松动圈产生、发展过程中产生的碎胀变形力，锚杆承受拉力的来源在于松动圈的发生、发展。根据围岩松动圈厚度值的大小将其分为小、中、大三类。松动圈的类别不同，则锚杆支护机理不同。Ⅰ类小松动圈 $L=0\sim400$mm，围岩的碎胀变形量很小，此类围岩巷道一般不需要锚杆，可以裸体或者喷射混凝土单独支护；Ⅱ、Ⅲ类围岩 $L=400\sim1500$mm，用悬吊理论设计支护参数；Ⅳ类围岩 $L=1.5\sim2.0$m；Ⅴ类围岩 $L=2.0\sim3.0$m，采用组合拱理论确定支护参数；Ⅵ类围岩 $L>3.0$m，在没有进一步的研究资料之前，应采用以锚喷网为基础的复合支护。该理论的优点是简单直观，对中小松动圈有很重要的价值，但实践表明，对大松动圈尤其是高应力软岩的采准巷道，该理论有一定的局限性。

3.2.2.3　围岩强度强化理论

该理论的要点是：①岩体经锚杆锚固后，其峰值强度和残余强度均得到提高，随着锚杆布置密度的增加，强度强化系数逐渐增大。锚杆布置密度一定时，锚杆对岩体残余强度的强化程度大于对岩体的峰值强度的强化程度。②锚杆可有效改善原岩体的力学参数，随着锚杆布置密度的增加，锚固体峰值前的弹性模量、黏结力、内摩擦角与峰值后的弹性模量 E、粘结力 c、内摩擦角必均有不同程度的提高。③利用锚杆支护，可以提高锚固区域岩体的强度，可以有效地减小巷道围岩塑性区、破碎区半径及巷道表面位移，保持巷道围岩稳定。该理论的分析方法是将锚杆的作用简化为对锚固围岩从锚杆的两端施加径向约束力，由实验室锚固块体试验确定围岩塑性应变软化本构关系，再利用弹塑性理论定量分析锚杆的支护效果。

3.2.2.4 锚固力与围岩变形量关系理论

该理论对锚杆锚固力的内涵及作用进行了深入研究，认为锚杆对围岩的锚固作用是通过锚固力来实现的，而锚固力是依赖围岩变形而产生和发展的。锚杆支护一般在巷道开挖完成后实施，此时围岩的弹塑性变形已经完成，使锚杆产生锚固力的是围岩峰后的剪胀变形，随着剪胀变形的渐进发展，锚杆从径向和切向两个方向上产生限制剪胀变形的力 σ_r^b 和 σ_θ^b。剪胀变形越大，锚杆的径向和切向锚固力越高。锚杆的锚固作用使得围岩在较高的应力状态(能量状态)下获得一定平衡。

3.2.2.5 锚固平衡拱理论

该理论认为，锚杆加固对于提高围岩自身的最大承载能力没有明显的效果，但在围岩产生塑性破坏后，对提高围岩的残余强度及承载能力有显著作用。在巷道周围，锚杆与其锚固范围内的岩石构成一种锚固支护体，当这个锚固体中的岩石在围岩集中应力作用下发生破坏时，其承载能力降低并产生变形，同时围岩的集中应力向深部转移，使锚固体卸载。在此过程中，锚固体通过锚杆的约束作用和抗剪作用，使塑性破坏后易于松动的岩石构成具有一定承载能力和适应自身变形卸载的锚固平衡拱。

另外，在锚杆作用机制的研究中，许多学者利用各种力学理论进行了解析分析。众多学者和研究单位还通过现场测试、模型试验和数值模拟等方法对锚杆支护的作用机理进行了广泛而深入的研究，得出了许多有意义的结论，促进了锚杆的推广应用。

3.3　$3_{上}$ 401 材巷地质概况

3.3.1　$3_{上}$ 401 材巷设计概况

$3_{上}$ 401 综放工作面位于东四采区西南部，东以 F14 断层（$H=17\sim35$m）为界，西邻落差 16m 的尹家洼支断层及落差 $H=10\sim65$m 的尹家洼断层。$3_{上}$ 401 工作面煤厚稳定，平均为 5.43m，埋深为 $-250\sim-420$m，煤层倾角为 $8^{\circ}\sim16^{\circ}$，平均为 12°。顶板岩性一般为细砂岩和砂质泥岩，底板岩性则主要为粉砂岩、砂质泥岩。

为了减少断层煤柱的丢失，对尹家洼断层和尹家洼支断层进行了分析研究。根据地质资料和现场打钻探断层，确定两断层均无水患，因此 $3_{上}$ 401 材巷设计沿尹家洼断层和尹家洼支断层下盘断层面掘进，两断层不留煤柱（见图 3-5）。设计总长度为 898m，其中 500m 靠近尹家洼断层，194m 靠近尹家洼支断层。$3_{上}$ 401 材巷靠近尹家洼断层和尹家洼支断层，断裂发育落差大，沿 $3_{上}$ 煤层底板托顶煤掘进，$3_{上}$ 401 材巷巷道支护难度大。$3_{上}$ 401 工作面材巷为保证生产的需要，设计掘进断面宽 4.0m，高 3.8m（见图 3-6）。

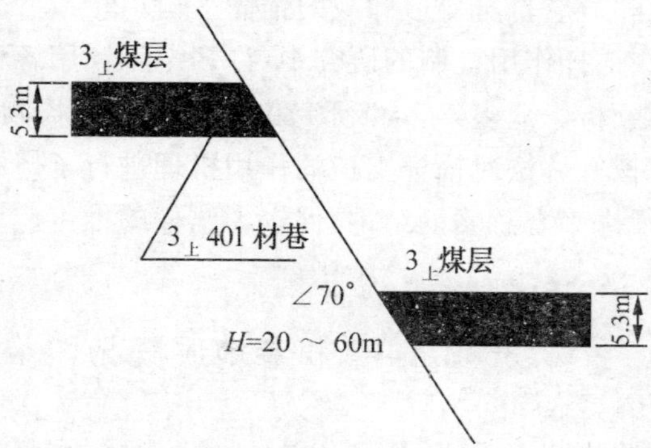

图 4-5　$3_{上}$ 401 材巷层位图

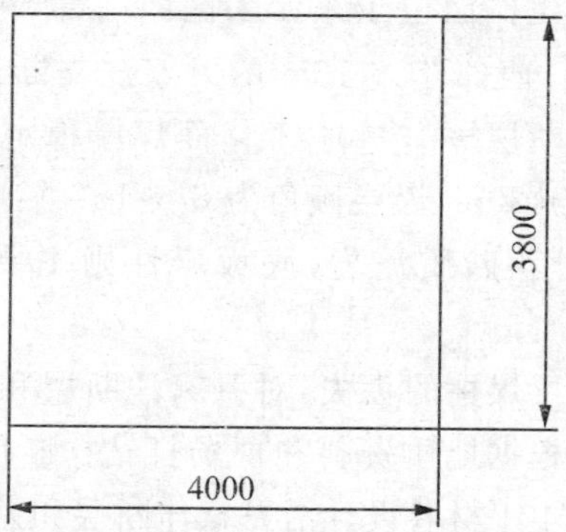

图 4-6　$3_{上}$ 401 材巷掘进断面图

3.3.2　煤(岩)层赋存特征

3.3.2.1　$3_{上}$ 401 工作面煤层赋存特征

$3_{上}$ 401 工作面煤层赋存特征如表 3-1 所示，属于构造简单煤层。

表 3-1　　　　煤(岩)层赋存特征表

<table>
<tr><td rowspan="2">煤层总厚(m)</td><td>5.50～5.61</td><td>煤层结构</td><td rowspan="2">煤层倾角(°)</td><td>8～16</td></tr>
<tr><td>5.43</td><td>简单</td><td>12</td></tr>
<tr><td colspan="5">3 煤层，黑色，似玻璃光泽，性脆，结构简单，属半光亮型煤；工业牌号：气煤；f=1.5～2.2，属中硬煤层；煤厚为 5.50～5.61m，厚度较稳定，可采性好。煤层南高北低，高差 184m。本面煤层呈现单斜构造，煤层走向为 90°～164°，倾向为 0°～74°，煤层倾角为 8°～16°。$3_{\text{上}}$ 煤为中等变质程度的烟煤，具有低灰、低硫、低磷、结焦性强的特点，煤质稳定，可选性好，是很好的炼焦和动力用煤</td></tr>
</table>

3.3.3.2　$3_{\text{上}}$ 401 工作面顶板特性

$3_{\text{上}}$ 401 工作面顶板特性如表 4-2 所示。

表 4-2　　　　煤层顶底板情况

顶底板名称	岩石名称	厚度(m)	岩性特征
老　顶	细砂岩	13.01	灰色，厚层状，细粒结构，斜波状层理，成分以石英长石为主，钙质胶结，f=6～8
直接顶			
伪　顶	泥岩	0.75	黑灰色，致密，泥质结构，性脆，块状构造，含植物化石及黄铁矿，f=4～6
直接底	砂质泥岩	2.15	黑灰色，砂泥质结构，块状构造，含植物化石及小结核，f=4～6
老　底	细砂岩	6.53	浅灰色，细粒结构，硅质胶结，成分以石英为主，含有云母片及星点状黄铁矿，f=6～8

3.4 $3_上$401 材巷沿断层托顶煤支护强度数值分析

3.4.1 三维地质仿真模型

3.4.1.1 数值分析方法简介

近十余年来，数值分析方法在求解复杂工程问题中得到广泛应用，已逐渐成为研究岩土力学与地下工程问题的重要手段之一，可在一定程度上取代昂贵的模型试验。数值分析方法的突出优点就是能够较好地考虑诸如介质的各向异性、非均质特性及随时间的变化、复杂边界条件和介质不连续等复杂地质条件。高速电子计算机的广泛应用，解决了冗繁的数值运算问题，因而数值分析方法日益广泛地应用于岩土工程问题的各个方面。

在地下工程问题分析中，常用的数值方法有有限元、边界元、离散元等。然而，这些理论方法本身以及采用的算法，都有各自的局限性。例如，有限元和边界元都有介质连续和小变形的限制，且有限元要解大型矩阵，需要大量的内存。国内现有的离散元程序，一般都假定离散的块体为刚性体，这仅适合于处理低应力的情况；同时，这种离散元求解时所花的时间也相当可观。近年来发展起来的快速拉格朗日分析（Fast Lagrangian Analysis of Continua，简称 FLAC），则是在较好地吸取了上述方法的优点和克服其缺点的基础上形成的一种新型的数值分析方法。

FLAC 的基本原理类同于离散元法，但它却能像有限元那样适用于多种材料模式与边界条件的非规则区域的连续问题求解。在求解过程中，FLAC 又采用了离散元的动态松弛法，不需求解大型联立方程组（刚度矩阵），便于在计算机上实现。另一方面，同以往的差分分析相比，FLAC 在以下几方面作了较大改进和发展：它不但能处理一般的大变形问题，而且能模拟岩体沿某一软弱结构面产生的滑动变形。FLAC 还能针对不同材料的特性，使用相应的本构方程来比较真实地反映实际材料的动态行为。

3.4.1.2　模型建立

根据 $3_上$ 煤层 401 材巷工作面作业规程，参考相邻矿井的部分地质资料，应用 FLAC 3D 数值分析软件，对 $3_上$ 401 材巷做出以下工作：1. 建立三维地质仿真模型；2. 模拟煤巷的开挖与支护；3. 分析煤巷周围应力状态，最大、最小主应力及位移情况；4. 运用摩尔-库伦抗剪安全系数与抗拉安全系数的方法确定围岩的安全等级。

(1)工程概况

数值模拟试验以付村煤业有限公司 $3_上$ 401 材巷为工程背景，模型中岩层均来自《掘进工作面作业规程》。

(2)模型参数的确定

根据岩层和煤层赋存分布特点及岩石力学参数实验结果，建立 $3_上$ 401 材巷物理模型。$3_上$ 煤层底板细砂岩依次向上至顶板中砂岩，模型尺寸 $x \times y \times z$ 为 60m×12m×50m，使用 Ansys 软件自动划分网格，共 70032 个节点及 77818 个结构单元。模型中包含各岩层单元及断层单元，如图 3-7 所示。

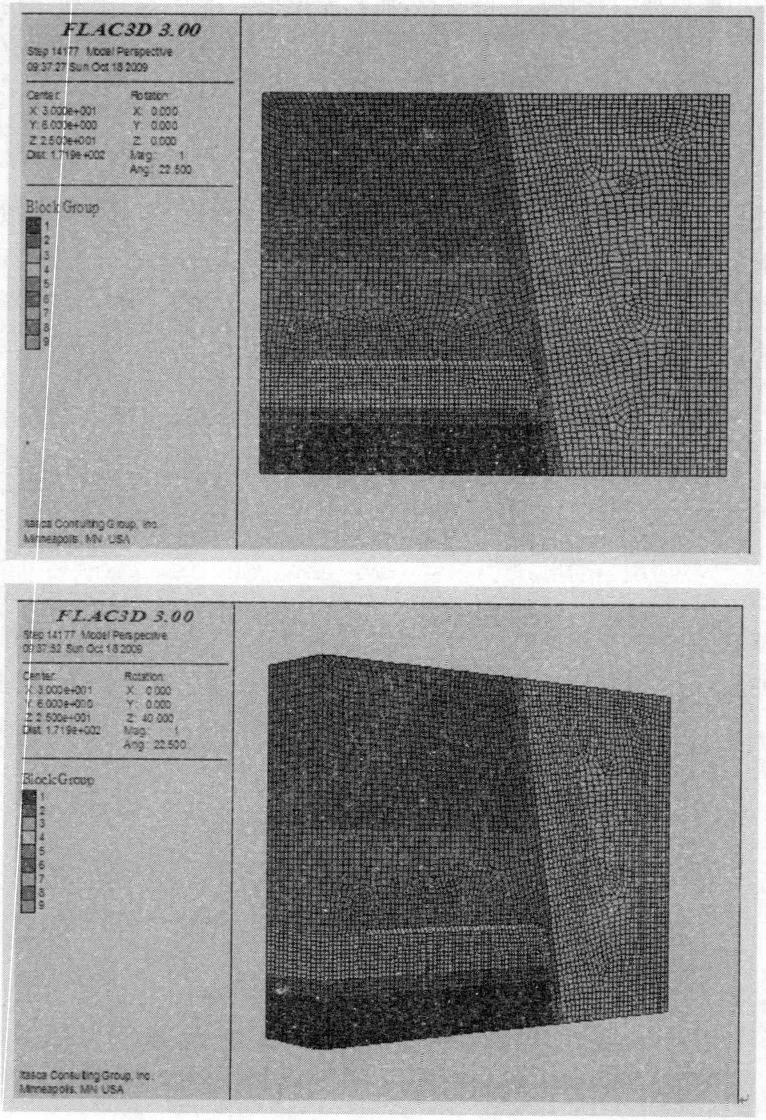

图 3-7　$3_上$ 煤层 401 物理模型

①边界条件的选择。由于在模型中底界和左右边界位移测量比较困难，因此不宜采用非零位移边界，而应采用零位移边界。两个模型都采用类似的边界约束条件，具体处理如下：

a. 模型的左、右边界定义为单约束边界，取 $u=0, v\neq0$（u 为 X 方向位移，v 为 Y 方向位移）。

b. 模型的下部边界 X 和 Y 方向的移动较采空区上覆岩层的移动小得多，定义为全约束边界，取 $u=v=0$。

c. 模型的上部边界 X 和 Y 方向移动量均较大，定义为自由边界，不予约束。

②模型本构关系的确定。在岩石力学弹塑性数值分析中，物理模型的选择具有较大的灵活性，不同类型的岩体应当采用不同类型的、最适宜的模型。模型是否正确及是否符合岩石的基本特性，直接影响到计算结果是否有价值。本次模拟研究确立岩体的本构关系为：开采前，岩体处于原岩应力状态，采用近似理想的弹塑性模型，破坏准则选用 Mohr-Coulomb 准则，且塑性流动一般不服从相关联的正交流动法则；煤巷掘进后，围岩经历岩石全应力应变曲线规律，同样采用 Mohr-Coulomb 准则。

③模型物理力学参数

模型物理力学参数如表 3-3 所示。

表 3-3　　根据物理力学试验要求选取参数

岩层	体积模量（GPa）	剪切模量（GPa）	黏聚力（MPa）	摩擦角（°）	抗拉强度（kN）	密度（$kg\cdot m^{-3}$）
底板细砂岩	13.1	9.0×10^9	5.2	35	3000	2650
底板沙质泥岩	7.2	2.2	2.6	32	1200	2580
层	2	1.1	0.5	28	300	1350
顶板泥岩	6.3	2	5.2	35	1800	2540

续表

岩层	体积模量（GPa）	剪切模量（GPa）	黏聚力（MPa）	摩擦角（°）	抗拉强度（kN）	密度（kg·m^{-3}）
顶板细砂岩	13.1	9	5.2	35	1800	2650
顶板中砂岩	15.1	11.0	5.2	35	1800	2650

开挖与支护。在数值计算中，采用 null 模拟煤巷的开挖，采用 Cable 结构单元模拟锚索以及锚杆，考虑到钢筋梯与锚网的作用，在计算中不予模拟。开挖进尺为 1.1m。

围岩安全等级的确定。根据脆性岩石材料符合摩尔—库伦破坏准则，运用摩尔—库伦抗剪切系数以及抗拉系数取最小的方法，确定围岩的安全系数。

3.4.2 模型初始应力的计算

一般情况下，初始地应力的生成方法是求解过程中始终采用塑性模型，但为防止计算过程中出现屈服区域，将黏聚力和抗拉强度设为最大值，计算至平衡后，再将黏聚力和抗拉强度改为分析所采用的值计算至最终平衡状态。

考虑到所模拟煤层处于地表以下 400m 处，因此高地应力是不容忽视的影响因素，结合新安煤矿煤巷位移监测资料，确定侧向压力系数为 1.5。计算过程中，不考虑孔隙水压力造成的影响。Z、X 及 Y 方向的应力分析。情况分别如图 3-8、图 3-9、图 3-10 所示。

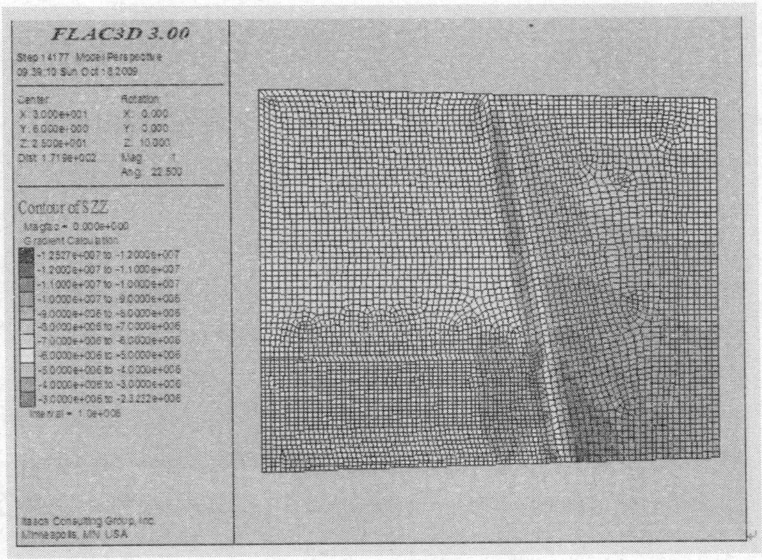

图 3-8　*Z* 方向应力分布

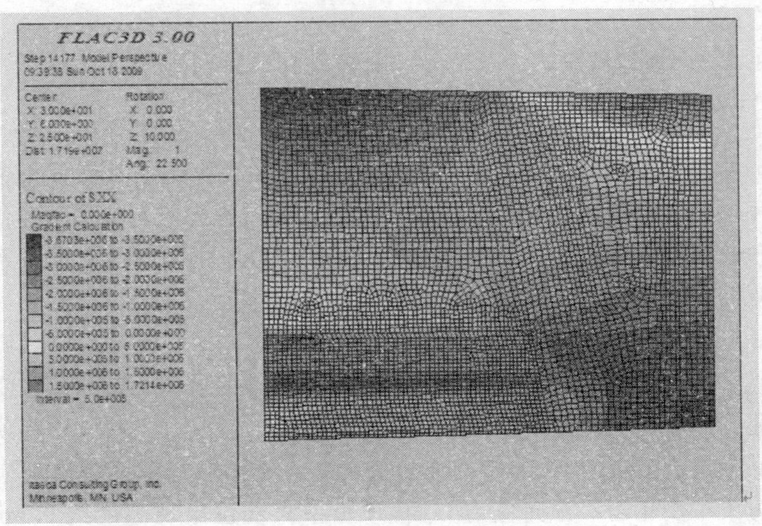

图 3-9　*X* 方向应力分布

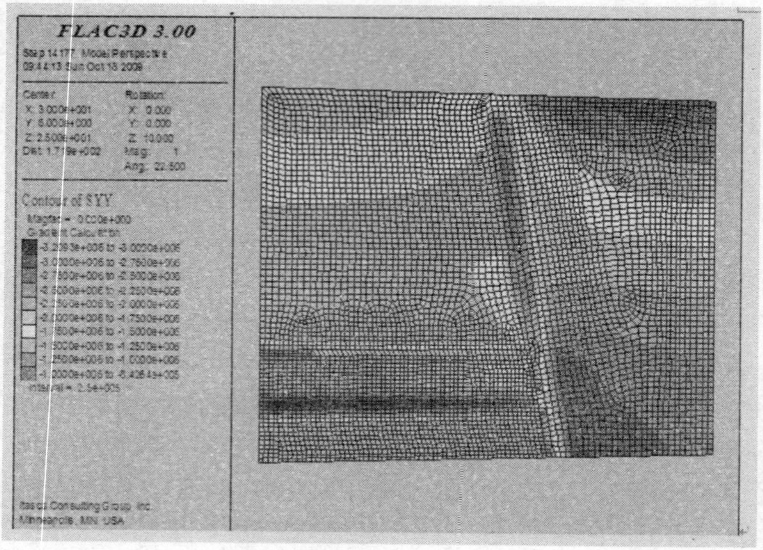

图 3-10　*Y* 方向应力分布

3.4.3　模拟结果

煤巷引起回采空间周围岩层应力重新分布，数值分析过程的时步虽然不能与实际开采影响的时间过程相对应，但数值分析中不同时步的应力位移结果反映了实际开挖过程中应力位移的演化过程。受开采影响岩层相互作用，围岩应力场和位移发生了一系列变化。

3.4.3.1　应力重新分布情况

开采活动的进行必然引起岩体内部应力的重新分布和位移变化。随着煤巷掘进，围岩垂直应力发生了一定程度的变化，煤巷顶底板出现拉应力，从开始的原岩应力状态逐渐向局部区域出现应力集中变化。*Z* 方向应力方面，顶板中央部位出现高度约 0.6m 的拉应力区，顶板中央上方至 2.4m 处应力仍小于 2MPa，材巷两帮应力集中，断层右侧应力集中达到10MPa，应力主要集中在材巷左帮，如图3-11所示。X方向应力方面没有出现拉应力区，两帮应力较小，在右帮接近断层的位置，应力较小，如图3-12所示。

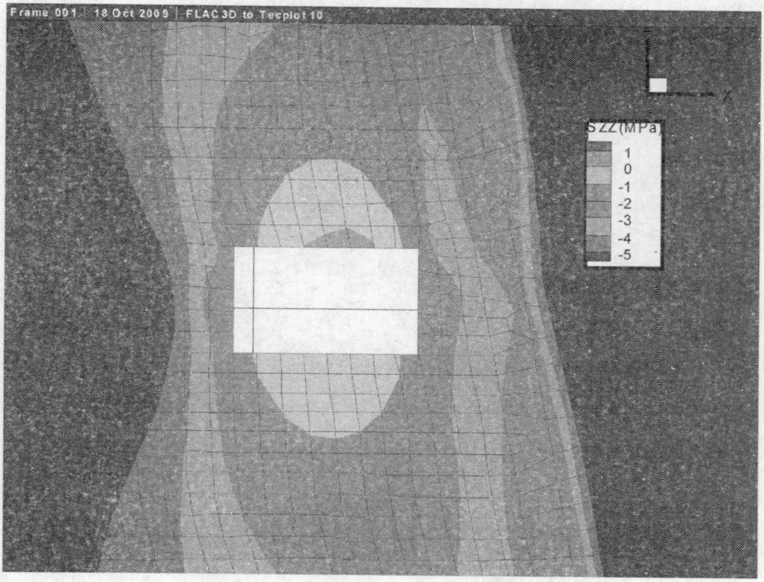

图3-11　Z方向应力分布

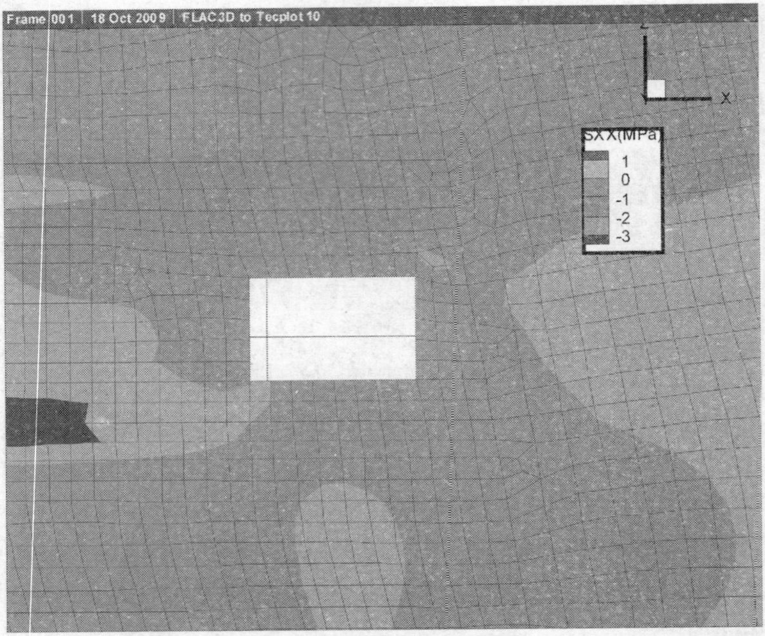

图 3-12　*X* 方向应力分布

3.4.3.2　位移分析

数值计算中忽略煤岩的大变形问题，仅作为岩土材料予以考虑，得出的分析结果与现场相比偏小。

3.4.3.3　最大、最小主应力

最大、最小主应力分别如图 3-13、图 3-14 所示。

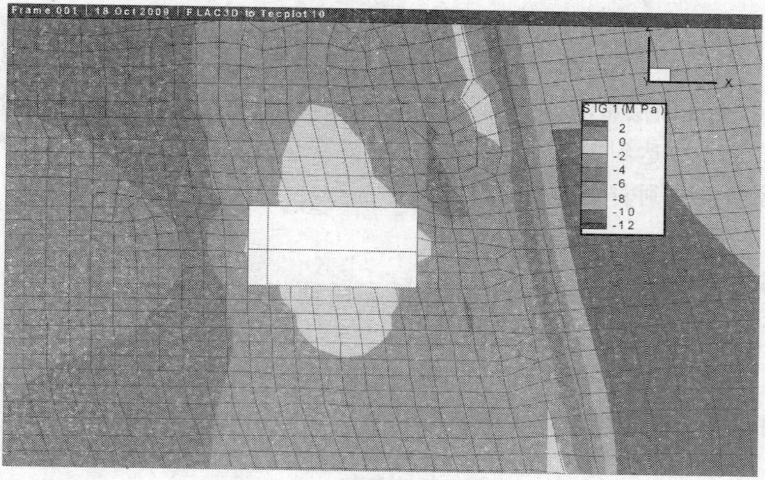

图 3-13　最大主应力图

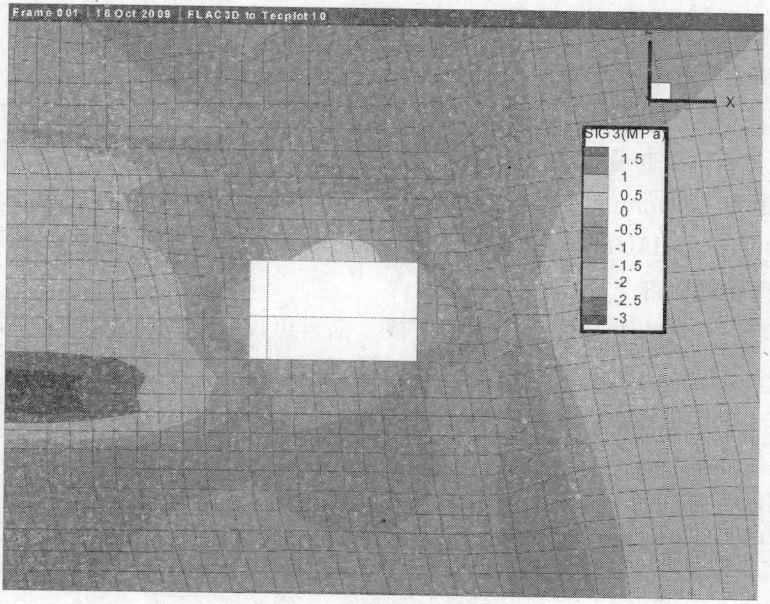

图 3-14　最小主应力图

3.4.3.4 围岩安全系数分布

围岩安全系数云图通过数值处理软件 tecplot 绘制，结果显示，受到断层影响，材巷两帮安全系数较小，达到 1～1.5，断层带安全系数达到 1.5～2，顶板 1.5m 处安全系数达到 4.5～5，安全系数能达到安全生产的要求。

3.5 $3_上$ 401 材巷沿断层托顶煤支护技术应用

3.5.1 $3_上$ 401 材巷支护参数设计

3.5.1.1 $3_上$ 401 材巷支护参数

根据 $3_上$ 401 材巷沿断层托顶煤支护强度数值分析应力分布情况，参照本矿其他巷道支护情况，$3_上$ 401 材巷设计采用锚杆＋锚索＋钢筋梯＋金属网支护(见图 3-15)，其参数为：

锚杆为 Q500 左旋无纵筋螺纹钢，直径为 18mm，屈服强度为 150kN，抗拉强度为 200kN。巷道顶板锚杆长度为 2200mm，间排距为 1000mm×1100mm；帮部锚杆长度为 2000mm，间排距为 900mm×1100mm，安装预应力均为 40kN。每根锚杆使用 k2550 树脂锚固剂 2 根。

锚索的主要作用是悬吊顶板。锚索可以施加要求的预应力，一定数量的锚索对于控制破碎顶板、复合顶板和高地应力情况下的巷道变形是非常必要的。锚索直径为 15.24mm，长度为 6m，锚索安装预应力不小于 80kN，锚索锚固力为 260kN。锚索每 6m 一组，一组 2 个，锚索梁采用 12＃矿用工字钢，梁长 1.6m。

钢筋梯采用直径为 14mm 的钢筋焊制，宽为 80mm。

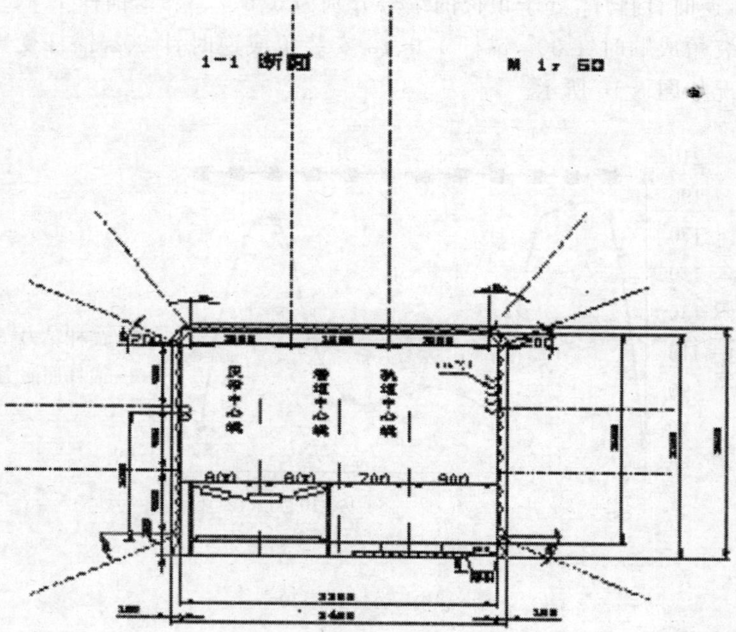

图 3-15　$3_上$ 401 材巷支护断面图

金属网采用 10 号铁丝菱形网，有效的表面控制系统应保证无片帮和漏顶现象，并可以增加支护系统的受力面积，提高支护系统的整体性，不仅能防止漏矸、漏顶，而且其自身的刚性还可以控制围岩变形，并可以与锚杆、钢带形成一个整体，增加了支护系统的整体性。

3.5.1.2　$3_上$ 401 材巷锚杆拉力及变形分析

为保证 $3_上$ 401 材巷在施工中的安全，我们在巷道施工中共设 5 组测点，对锚杆拉力及巷道变形进行了观测，每组测点巷道掘进时，在锚杆上安装 8 块测压表，在巷道顶中部安 2 块，在巷道两帮上、中、下部各安 1 块测压表。锚杆编号从右侧墙底角为 1 号开始，逆时针排序，处于顶板的编号分别为5、6、7、8、9。锚杆1、5、10安装角成顺时针30°，锚杆4、9、13安装角成逆时针30°，锚杆受力情况如图3-16所示。

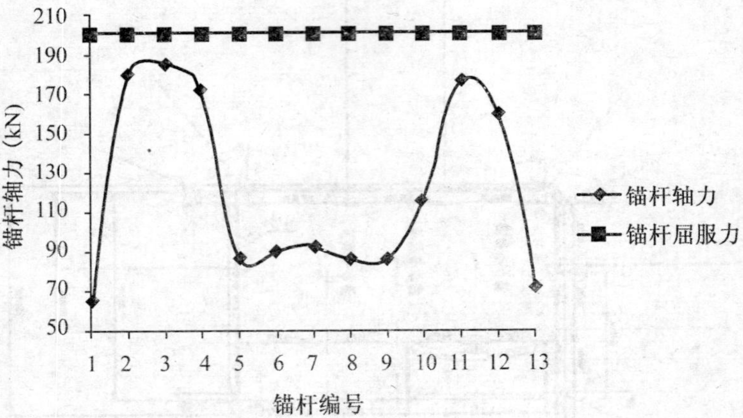

图3-16　锚杆拉力情况

从矿压观测得到的数据资料可以看出，$3_{上}$ 401材巷两帮的锚杆轴力较大，右侧锚杆受到断层影响，轴力略比左侧锚杆轴力大。顶板锚杆轴力比两帮锚杆轴力小，各锚杆受力均在屈服范围内，锚杆没有失效。锚杆、锚索没有出现拉断现象，说明巷道设计支护体系提供的支护强度是合理的、足够的。

$3_{上}$ 401材巷巷道顶、帮部锚杆最大变形量只有18mm和32mm，变形量非常小，巷道整体非常完好，巷道无须返修和二次支护。

第四章 综放工作面两端头放煤及放煤新工艺

4.1 综放工作面两端头放煤技术的现状

综采放顶煤工作面在生产期间，工作面上下端头 3～5 组支架要铺设顶网，不再放煤，以防止端头液压支架顶板放空，出现空顶、冒顶事故，致使工作面两端头的 6～10 组支架的顶煤丢失，造成资源浪费。经过探索和实践，在加强端头特殊支护后，减少支架的上网，并采取插网放煤，可回收大量的资源。

4.2 综放工作面两端头放煤技术

4.2.1 端头支架放煤方法

综放工作面在回采中由于端头 3～5 组支架铺设顶网，且与正巷顶网连为整体，致使在工作面回采中，端头煤不能进行有效回收。为解决该问题，我们对两端头放煤过程进行了深入分析，为使顶煤能够顺利放出，我们一方面加强端头支架初撑力，保证其破煤效应，通过插板插网实现放煤；另一方面大幅度摆动端头支架尾梁充分破碎顶煤；再就是利用尾梁插板把原顶板网撕开放煤口，使端头顶煤能顺利进行放顶煤，做到“见全矸关门”，把端头后部顶煤放落(见图 4-1、图 4-2)。

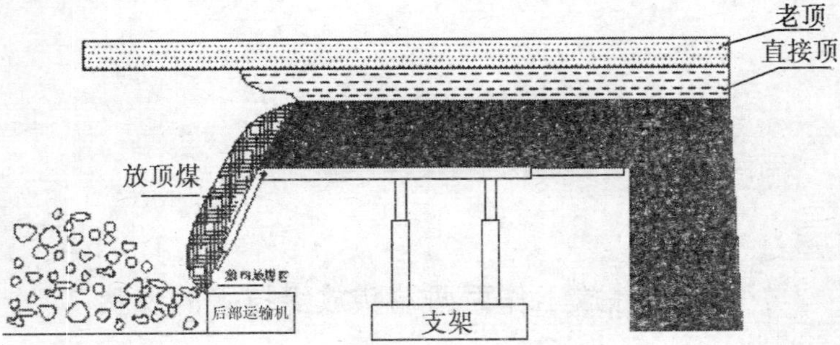

图 4-1　回采工作面两端头放煤过程示意图

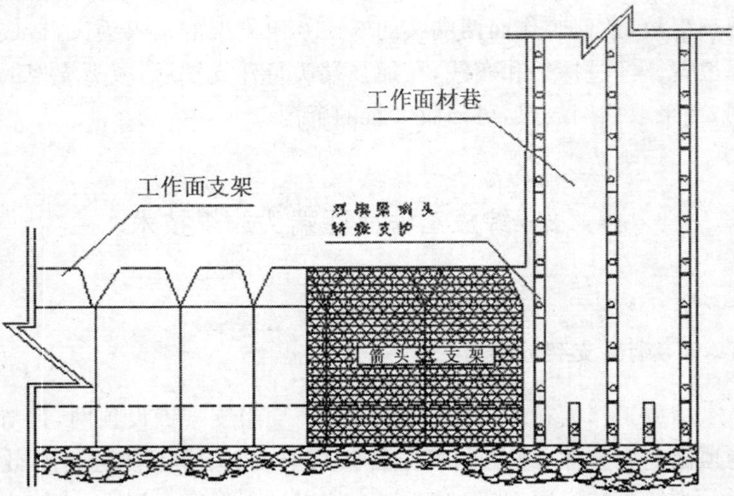

图 4-2　端头铺网及支护平面图

4.2.2　端头放煤工艺

4.2.2.1　端头支架的选型

付煤公司为保证端头煤的有效回收，在综采放顶煤工作面两端头均安设特殊端头支架，支架为 ZFG5500-18/32 型端头掩护支架，最大初撑力为 39.7MPa，支护强度为 0.79MPa，工作阻力为 5500kN，对底板底压为 2.5MPa，以上技术参数完全满足端头放煤期间对顶板支护和端头放煤的需要。

4.2.2.2　端头放煤工艺

端头放煤步距为一刀一放，放煤工艺为"割煤→移架→推前溜→放煤→拉后溜→放矸"。具体过程：在后部煤放净后，拉移后部运输机，此时不拉移支架，对支架进行二次注液，保证支架对顶板的支护稳定，然后放后部老塘矸石，以填充拉移后部运输机后产生的空间（常规放煤在此程序时用顶煤填充，浪费资源），保证拉移支架散落的煤块直接进入后部运输机。

人员组织方面，无须增加人工，在正常操作端头支架时增加支架的初撑力，拉移完端头支架后，通过操作端头支架尾梁和插板对端头顶煤回收，提高了人工利用率，增加了端头煤的回收。

4.2.2.3　端头放煤存在的问题及解决方法

(1)正常生产期间，端头顶板压力大。解决方法：端头上双层金属网加强顶板支护，要求端头上的金属网与巷道顶网搭茬不小于 500mm，同时对网扣加密。面内网与网之间严格按照质量标准化要求搭接好。由此，会不同程度地造成端头插网放煤时的困难，可配合人工剪网放煤。

(2)随推采，工作面周期采压期间容易造成面前顶煤破碎、顶板抽漏、冒顶等现象。解决方法：及时拉超前支架，保证端头支架初撑力，必要时每循环在端头支架上沿倾方向上 4m 长、直径不小于 200mm 的圆木料，同时加强上网质量。

(3)受工作面老塘压力影响,端头煤壁犄角往往出现折帮、垮塌、掉顶现象,造成顶板支护困难。解决方法:及时在端头支架上沿走向(或与走向成一定夹角)上大料,大料为长4m、直径不小于200mm的圆木料,必要时可用工字钢代替大料,可配合在大料(或工字钢)的另一端支设单体共同支护端头犄角顶板。

(4)受老塘压力影响,端头容易出现顶板不平、相邻支架间出现错茬造成漏煤(矸)等问题。解决方法:要求煤机司机在割端头顶板时,严格控制好煤机滚筒高度,顺平顶底板,同时要求支架工在拉移端头支架时,调整好支架,保证支架高度一致,避免错茬的出现。

(5)端头放煤后,造成端头切顶排支护困难。解决方法:严格按要求支设切顶排,单体穿好铁鞋并拴齐安全绳,确保单体初撑力达到标准要求。若顶板垮落严重,可加密支设戗柱支护,或者采取留设正巷掩护支架支护端头等其他措施,保证端头区域顶板安全。

4.2.3 经济效益计算

以付煤公司$3_{上}$煤层为例进行效益计算,通过端头放煤的产量为:

$$
\begin{aligned}
Q &= 长\times 高\times 宽\times 煤容重\times 回收率 \\
&= 2400\text{m}\times 2.63\text{m}\times 4.5\text{m}\times 1.35\text{t/m}^3\times 90\% \\
&= 34510\text{t}
\end{aligned}
$$

其中:2400m——每年综采工作面端头推采距离;

2.63m——$3_{上}$煤层煤厚5.430m,采高2.8m,放煤2.63m;

4.5m——端头安设3组端头支架的长度;

90%——端头放煤的回采率。

按原煤每吨960元计算,则每年可创经济效益为3312.96万元。由此,通过端头放煤技术,不仅节约了有限的煤炭资源,而且创造了巨大的经济效益。

第五章
影响煤炭资源回收率的因素分析

5.1 地质因素分析

影响煤炭资源回收率的地质因素主要包括煤炭厚度的变化与地质构造。其中煤层厚度的变化对煤炭资源回收率影响较大，地质构造主要通过影响采煤工作面的布置、采区的设计以及采煤机械化水平，进而影响煤炭资源的回收率。

5.2.1 煤炭厚度

由于煤层厚度不同，所采用的开采方法亦不同。一般按煤层的厚度将煤层分五个等级，即：煤层厚度＞8m，为巨厚煤层；煤层厚度为3.5～8.0m，为厚煤层；煤层厚度为1.3～1.5m，为中厚煤层；煤层厚度为0.5～1.3mm为薄煤层；煤层厚度为0.3～0.5m，为极薄煤层。目前条件下，0.3m以下煤层为不可采煤层；对于极薄煤层，只能采用炮采，未能实现机械化生产；而巨厚煤层既可采用多种分层采煤方法，也可以采用一次采全高的放顶煤开采技术。不同的采煤方法其煤炭资源的回收率是不同的，所以煤层厚度及其变化是影响煤炭开采的主要地质因素之一，也是影响煤炭资源回收率的主要因素之一。煤层厚度变化主要有分岔、变形、尖灭等，这些变化同时影响到煤炭储量的计算和煤矿正常的生产。

煤层厚度均匀，变化不大，在生产过程中，容易控制采煤设备，实现正规的循环作业，工作面容易布置，因而煤炭资源的损失就小。相反，厚度变化较大，由于采煤的高度在现有的机械化生产过程中，控制较为困难，不可避免地出现丢煤现象，因而煤炭资源的回收率就低。

煤层如果出现分岔现象，根据分岔的形状，可采用不同的方法进行采煤工作，总的高度在可采高度范围内，可不影响工作面的布置而直接进行采煤工作，由于分岔造成煤质下限，增加选煤的工作量，进而影响经济效益，但对煤炭资源的回收率不产生影响。如果分岔后的总高度超出了可采厚度，影响了工作面的布置，也有可能造成部分煤层无法采出，影响煤炭资源的回收率。

煤层的变形与尖灭对煤炭回收率的影响主要在当煤层厚度达不到可采厚度时，剩余的煤层不可采出，使得总的煤炭资源回收率下降。而当煤层的厚度增大时，既不能采全高，又不能再布置工作面进行回采工作，因而剩余煤层也无法开采，影响煤炭资源的回收率。

5.2.2 地质构造

对煤炭资源回收率有影响的主要地质构造包括褶皱和断层。后期褶皱作用一般使煤层在褶曲的轴部增厚，而在翼部变薄或尖灭，从而影响工作面煤炭资源的回收率。同时，大型的褶皱，如果其倾角变化较大，不利于工作面的布置与采区的设计，进而影响到煤炭资源的回收率。

后期断裂构造一般对煤层的厚度影响不大，只是在断层面附近，由于牵引作用使煤层局部加厚或变薄，沿断层形成断层无煤带或煤层叠覆带，以及断层两侧的煤厚变化带。因此断层的存在，在一定程度上影响着煤炭资源的回收率。同时，在回采工作面推进过程中，由于断层的存在，根据断层的大小，采取不同的处理方法，也对煤炭资源的回收率产生影响。对于小型的断层，在回采过程中对断层的处理一般采取强行通过、重开切眼和减小工作面尺寸等方法。对于强行通过方法，对煤炭资源回收率不产生影响，但是影响煤炭质量，即煤炭含矸量增加，造成工作效率的降低；对于重开切眼方法，能部分减少煤炭资源，存在工作面搬家等工作量，进而影响工作效率；对于减小设计工作面尺寸方法，由于工作面尺寸变小，使得工作面机械化开采受到影响，进而影响到工作面的生产效率，同时在变小工作面，由于增加了工作面两巷个数，使得保护煤柱增加，从而增加了煤炭损失。

对于大型的断层，目前处理的方法主要有两种：一是将其作为矿井井田的边界；二是作为采区、工作面边界处理。作为边界处理，一般根据断层的性质进行合理煤柱的留设，特别是对于断层附近比较破碎、存在导水等现象的断层，其留设的煤柱一般较大，从而造成煤炭资源的损失。

5.2 开采方法

开采方法是指根据煤层赋存条件，从整体上对矿井井田范围内的煤层进行统一规划与设计，采用一定的设备与工具，将地下的煤炭采出所采用的方法。根据不同的煤层赋存条件，所采用的开采方法是不同的，同时对煤炭资源的回收率也将产生不同影响。

5.2.1 主要开采方法

开采方法随着生产技术的发展而不断发展与变化，从宏观上可以分为露天开采和井工开采，按工作面布置可分为壁式采煤法与房柱式采煤方法，按开采的设备可分为水利采煤法和旱式采煤法。目前主要采煤方法如图 5-1 所示。

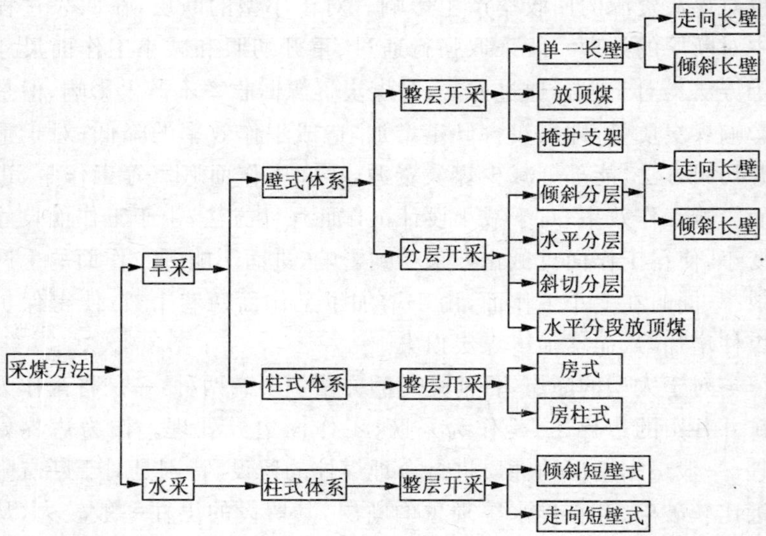

图 5-1　主要采煤方法

5.2.2　不同开采方法对煤炭资源回收率的影响

开采方法是随着生产技术水平的提高与发展而发展的。过去由于技术水平较低，开采落煤工艺较为原始与简单，采用镐、铁锹等工具进行落煤，运输方式采用人力与畜力进行运输，现代采煤方法发生了巨大变化，逐渐由炮采到机采再到综采。目前那些原始的采煤方法已不再是主要的采煤方法，只能作辅助的方法使用。

5.2.2.1　露天开采与井工开采

对于赋存较浅，煤层的可采用露天开采的方法。而对于埋藏较深的煤层，由于采用露天开采生产成本较大，而采用井工开采的方法进行。露天开采生产相对安全，煤炭损失主要表现在剥离损失与开采过程的损失以及运输过程的损失，没有保护煤柱等设计损失，因而其煤炭损失较少，同时可采储量范围也比井工开采大，在目前是一种煤炭损失最小的开采方法，一般煤炭资源回收率在90%以上。

井工开采由于开采环境发生了变化，主要是以地下作业的方式进行开采，为了生产安全与地面建筑等设施的安全，需要大量的保护煤柱，造成了大量的煤炭损失。主要的保护煤柱有地面广场保护煤柱、地面建筑保护煤柱、井下主要设施（井底井场、主要运输大巷、采区上下山、工作面两巷等）保护煤柱、主要地质构造（断裂、褶皱）保护煤柱、在特殊开采过程中的防水煤柱等。这些煤柱造成了大量的煤炭资源的损失。因此从总体上来讲，井工开采煤炭损失较大，一般煤炭资源回收率在70%左右。

5.2.2.2　壁式采煤方法与柱式采煤方法

壁式采煤方法可根据煤层厚度划分为整层开采（主要是开采薄及中厚煤层）和分层开采（主要是开采巨厚煤层）。整层开采可分为单一长壁开采（又分为走向长壁与倾斜长壁两种）、放顶煤开采和掩护支架开采三种。分层开采主要包括倾斜分层、水平分层、斜切分层和水平分段放顶煤等开采方式。

壁式开采方法主要的煤炭损失有设计损失、开采损失、运输损失三大部分。设计损失主要是指在设计阶段，根据生产安全与地面建筑安全的需要而进行保护煤炭设计时，由于科学研究不到位，在保护煤柱的设计过程中普遍存在设计过大现象，从而造成不应有的损失。开采损失主要包括三方面煤炭损失：一是工作面在初采和末采期间，不能充分开采而造成的损失，这一现象在放顶开采过程中尤其突出；二是工作面两端过渡支架和端头支架不能放煤造成的损失；三是采煤过程中由于煤层厚度的变化以及特殊构造而造成的损失。运输损失主要是指煤炭从开采到运输到地面煤仓过程中的损失，主要指发生在装卸过程及运输过程中的风吹等漏煤损失。

柱式采煤方法是一种比较原始的采煤方法，在我国已经很少采用。柱式采煤方法主要是整体开采方法，即整层开采技术，主要包括房式开采和柱式开采。无论是房式开采还是柱式开采，其煤炭损失都包括三大部分，即设计损失、开采损失和运输损失。设计损失和运输损失的内容与壁式开采相同。柱式开采方法与壁式开采方法的主要区别在于，在开采过程中，为了保护生产安全而采取采房留柱的方式，即通过柱的支撑来保护顶板的安全，进而达到保护生产安全的目的，这样在开采过程中其煤炭损失就相对较大，是一种资源回收率较低的采煤方法。

5.3 生产机械化水平

影响煤炭资源回收的主要因素为设计损失、开采损失与运输损失。在这些因素中，设计损失是不可避免的，只能在现有的技术条件下加大科学研究，探讨减小保护煤柱的方法，或者随着生产技术的进步，取消保护煤柱。运输损失所占比例较小。因此影响煤炭资源回收率的主要因素就是开采损失，它受生产机械化水平的影响是非常巨大的。根据不同的生产机械化水平，其影响因素是不同的。目前我们国家开采机械化水平，主要包括炮采、一般机械化开采、综采和放顶煤开采三种形式。

5.3.1 炮采工作面

炮采工作面开采是较早采用的一种落煤方式，工作面支护一般采用木支架或金属支架，其落煤工艺主要包括打眼、装药、连线、放炮、装煤、支护等工序。这些工序顺序执行，组成一个正规循环作业。其主要的运输工具在回采工作面主要是刮板运输机。在炮采工作面开采过程中，主要的煤炭损失表现为以下几个方面：

5.3.1.1　炮眼布置与装药量

如果炮眼设计过少或装药量过少，造成煤炭开采不全面完整，部分煤炭未开采出来，从而造成煤炭损失；如果炮眼数量过多，或者装药量过大，不仅造成工作量大，而且有可能使煤炭进行老塘而无法回收，同样也造成煤炭资源的损失。因此，炮眼数量、间距、长度、布置形式以及装药量都是影响煤炭资源回收的主要因素。

5.3.1.2　工作面装煤

炮采工作面的煤炭通过工作面的刮板运输机运输，在放炮过程中，如果炮眼布置与装药量设计合理科学，则大部分煤炭放在刮板上，形成有利于运输的形状。相反，放在运输机的煤炭较少，大部分煤炭在运输机下，这部分煤炭需要人工攉煤，工作量大，同时造成部分煤炭丢失。因此在工作面装煤这一个环节，人工攉煤是造成煤炭损失的主要影响因素。

5.3.2　一般机械化工作面

一般机械化采煤工作面主要指落煤方式采用采煤机，工作面支护采用单体液压支架，工作面运输方式采用刮板运输机运输。其采煤作业包括割煤、移溜、支护三个主要环节。在回采过程中，造成煤炭损失的主要环节是割煤和运输。

5.3.2.1　割煤

割煤造成的煤炭资源的损失主要是在煤层厚度发生变化时，由于采煤机的可调高度有限，不能有效地把煤炭开采完全造成的，同时当遇到断层等构造时，由于从安全生产的角度出发，致使部分煤炭不能开采而造成部分煤炭损失。

5.3.2.2　运输

在一般机械化采煤工作面，其煤炭的运输由刮板运输机来完成，采煤机采下煤直接落在运输机上，由于机械操作致使部分煤炭未能落在运输机上，这一部分煤炭需要人工攉煤来完成，在管理不到位的情况,从而造成煤炭资源的损失。

5.3.3 综合机械化工作面

综合机械化采煤工作面是指采煤采用采煤机,运煤采用运输机,工作面支护采用液压支架支护。其与一般机械化采煤工作面相比,仅仅是支护方式发生了变化,由单体液压支架改为综合采煤液压支架。液压支架根据工作面地质条件与煤层厚度不度,又有不同的类型。因此对综合机械化采煤工作面,其煤炭资源损失的表现形式,基本上与一般机械化采煤工作面相同,也主要反映在割煤与运输煤炭这两个环节,但由于液压支架的特殊性,在工作面布置中要求其整齐布置,因此对煤层厚度的适应性要小于单体液压支柱,特别是工作面两巷在顶板比较破碎的情况下,仍需要特殊支护,这样多样支护工具之间的协调是有效采出工作面两端头煤炭的重要关键环节。因此在综合机械化采煤工作面特别注意工作面要端头丢煤问题,同时在工作面初期与末期也存在部分煤炭未采出现象。

5.3.4 放顶煤综合机械化工作面

放顶煤综合机械化采煤工作面是指采煤采用采煤机,运煤采用运输机,工作面支护采用液压支架,与综合机械化采煤工作面相同。其主要区别是采煤的厚度不同,放顶煤综合机械化采煤工作面是一次采全高的开采方式,适合于特厚煤层或巨厚煤层的开采。由于一次采全高,对于工作面的布置与综合机械化采煤工作面略有不同。综合机械化采煤工作面中有一部运输机,而放顶煤综合机械化工作面有两部运输机。其落煤方式包括两部分:一部分由采煤机采煤,另一部分由放煤组成。特别是工作面之后的放煤工艺,成为放顶煤工作面的关键技术,影响到煤炭资源的回收率。其煤炭损失主要由开采损失与放煤损失两部分组成。

5.3.4.1 开采损失

开采损失主要包括初采损失、末采损失、端头损失和放采比不当而造成的损失。初采损失主要是指工作面初采时,为了避免直接顶垮落砸坏液压支架尾梁,在直接顶垮落前,一般不放煤或不将顶煤放干净,使这部分煤不能回收。

末采损失主要是指为使综放支架拆除时处于实体煤中,末采时采取提前不放煤或提前由底板向顶板爬高的方法,这两种方法均会造成煤炭不能回收。

端头损失主要指部分放顶煤工作面为了保护两端头安全出口,掘进巷道时铺顶网护顶,回采时留 3～5 架不放煤。

放采比不当造成的煤损。放采比过大,底层煤开采后,上覆顶煤不能充分松散垮落,增大顶煤损失;放采比过小,综放开采的技术优势得不到充分地发挥。

5.3.4.2 放煤工艺引起的煤炭损失

放煤工艺引起的煤炭损失主要包括放煤步距不当而造成的损失以及放煤方式不当而造成的损失。放煤步距煤损是指在底分层开采时,支架每前移一次、二次或三次,放顶煤一次,在含矸要求一定的情况下,放顶煤步距的大小是影响顶煤回采率的主要因素之一。

放煤方式不当造成的煤损主要是由于在综放面每个液压支架均有一个放煤口。放煤方式的选择也是影响顶煤回收率的主要因素之一。

5.4 组织管理方法

矿井煤炭资源回收率是由许多因素共同决定的,这些因素相互联系并具有一定的随机性与不确定性。有许多因素如人工操作、工艺间的协调与配合、设计参数的确定等,都直接影响到煤炭资源的回收率，这些问题的解决取决于管理制度与管理方法是否到位。从宏观上看，矿山企业的组织管理方法主要影响煤炭资源回收率的有矿井设计管理方法、采区生产管理方法和生产考核方法。

5.4.1 矿井设计管理方法

矿井设计主要包括矿井设计和采区设计两大部分。

5.4.1.1 矿井设计

矿井设计主要设计矿井的水平阶段划分、井底车场及主要大巷的布置、地面工业广场的选择与布置、生活居住地的选择与布置。其对煤炭资源回收率的影响因素主要有两个：一是地面设计对开采的影响；二是井底车场与主要运输大巷的选择。

地面设计主要包括工业广场与居住地的设计与选择。其对开采的影响主要表现在对地下煤炭的压煤情况。在进行地面设计时，应加强管理，根据实际情况，应尽量避免工人广场与居住地的压煤。对于不可避免存在压煤的情况，也应采取科学的计算方法，尽量在保证生产安全与地面建筑安全的条件下，缩小保护煤柱的尺寸，同时在矿井开采的后期也应尽可能把保护煤柱回收，减少煤炭资源的损失。

5.4.1.2 采区设计

采区设计是指在矿井水平与阶段确定后，在一个水平内对某一个采区内的工作面个数进行布置，主要确定采区工作面的参数与采煤工艺。工作面的参数大小直接影响煤炭资源的回收率与工作面生产效率。合理的工作面参数可提高工作面的生产效率与煤炭资源的回收率。此外，开采工艺不同也影响煤炭资源的回收率，如采用沿空留巷与沿空送巷方式可有效地解决区段煤柱，实现煤炭资源的高效回收。而采用保护柱的开采方式，则煤炭损失较大，在工作面设计过程中，应尽量进行科学论证，采用新的生产技术与巷道支护维护技术，减少护巷煤柱，最大限度地提高煤炭资源的回收率。也可采用合理的开采顺序，减少护巷煤柱。

5.4.2　采区生产管理方法

采区生产管理直接影响到生产效益与煤炭资源的回收率，从前面的分析可以看出，在采煤生产过程中，导致煤炭回收率降低的因素，除设计因素外，采区生产管理占绝大部分。采区生产管理对煤炭资源回收率的影响主要表现在以下几个方面：

5.4.2.1　区队生产管理制度

区队生产管理制度是否健全，是否与生产实际情况相符，直接决定着煤炭资源的回收率。如工作人员是否在指定的岗位，是否对岗位职责熟悉，在工作时是否认真负责，这些都影响到煤炭资源的回收率。

5.4.2.2　作业规程

采煤工作面作业规程是采煤工作的指导性文件，它规定了各采煤工序之间的配合与协调，以及各岗位的责任及其操作顺序与方法。在采煤工作中是否严格按照作业规程进行正规循环作业，作业规程是否规定详尽，是否与采煤工作面相一致，所有这些都必须有严格的管理方法加以控制，才能保证在生产过程中严格按作业规程进行生产。

5.4.3　生产考核方法

考核是提高生产效率与煤炭资源回收率的主要途径之一。考核方法应涉及煤炭回收率的内容。为提高煤炭回收率指标，可有相应的奖励措施加以保证，如有此方面的考核指标，工作人员在生产过程中就会注意节约。放顶煤工作面在放煤过程中，如果工作人员没有责任感，往往导致顶煤放不干净，造成煤炭资源的损失；同样，装煤过程，对于遗留的煤炭不能及时地装煤，也会造成煤炭资源的损失。因此，在生产过程管理中，针对特定的岗位建立对煤炭资源回收率的考核指标与要求，将直接决定煤炭资源回收率的高低。

第六章 煤炭资源回收率合理性评价

6.1 煤炭资源回收率合理性

从上面的分析可知，影响煤炭资源回收率的因素是多方面的，对于某一采区的不同工作面，尽管所采用的生产技术与管理水平一样，由于地质条件的限制，造成煤炭资源回收率是不一样的。即使是同一工作面，在不同时间内其煤炭资源的回收率也是不一样的。因此，什么样的煤炭资源回收率是合理的，如何判断不同工作面、不同采区，甚至是不同的矿井之间的煤炭资源回收率是合理的，达到了较高的回收水平，是目前迫切需要界定的问题。

对于煤炭资源的回收率前面我们已经作了界定，是指矿井井田范围内采出煤量与可采储量之比。对于这一定义，应注重以下几个方面：一是煤炭资源回收率的计算范围是整个矿井井田范围内。由于针对整个矿井井田，目前我国普遍采用的是工作面回采率，工作面回采率一般较高。相对于工作面回采率，煤炭资源回收率的数值较小，但却能正确地反映煤炭资源的回收情况。二是煤炭资源回收率是一个动态的概念，是随着生产技术水平的变化而变化的，在不同的开采方法条件下，煤炭资源回收率是变化的。三是煤炭资源回收率是相对的，是相对于某一管理水平的。对于不同管理水平，其数值是不同的，这也从另一方面反映出了企业管理水平。

煤炭资源回收率的合理性，通过调查研究，我们认为它应具有以下几个特征：一是煤炭资源合理性的评价是一个相对的、动态的概念，是针对特定的生产技术水平、地质条件与企业管理水平而言的，随着这些条件的变化，其合理性标准也应发生变化；二是煤炭资源合理性评价所得出的评价结果必须具有可比性，即不同的地质条件、生产技术水平、开采方法、机械化水平与管理水平下，所得到的评价结果具有可比性，因此煤炭资源合理性评价标准，必须对不同的条件进行评价，给出不同的合理性标准，才具有可比性；三是煤炭资源回收率合理性结果的计算方法应简单科学，由于评价煤炭资源回收率的合理性是一项复杂的工作，需要大量的数据，因此其计算方法只有科学简单，才能推广应用，才具有实用价值。

6.2 煤炭资源回收率合理性评价指标体系

煤炭资源回收率是由众多因素共同影响的，为了评价其合理性，必须从众多的因素中选择，建立相关性较强的指标体系，才能实现评价的合理性。

6.2.1 评价指标筛选的原则

由于影响煤炭资源回收率的因素众多，因此在选择评价指标时，应遵循以下评价指标筛选的原则。

6.2.1.1 重要性原则

重要性原则是指所筛选出的评价指标必须与煤炭资源回收率的合理性具有直接的影响，有较强的相关性且相关性较大，能够反映出煤炭资源回收率的合理性。

6.2.1.2　可计算原则

可计算原则是指所筛选出的评价指标必须是数据可获得的，可在现有的统计报表中直接获得，也可通过简单的计算而获得，同时计算要简单方便。

6.2.1.3　可比较性原则

可比较性原则是指所筛选出的评价指标，是一个普遍认同的指标，在不同的条件下是可以比较的。尽量避免选择绝对指标，最好选择一些相对指标，以简化计算。

6.2.1.4　科学性原则

科学性原则是指在选择评价煤炭资源回收率合理性指标时，应遵循一定的科学方法，广泛调查研究，征求多方专家的意见，通过大量的数据调研与比较，选择出代表性的指标。

6.2.1.5　独立性原则

独立性原则是指所选择的指标之间是相互独立的，不存在相关性，或者是弱相关性。这样在评价时，不会出现重复计算的现象。

6.2.1.6　稳定性原则

稳定性原则是指所选择的评价指标在一定时间内是比较稳定的，其内涵包括：一是计算方法稳定；二是评价指标体系稳定；三是在一定的生产技术水平下，其结果是在一个较稳定的范围内变动，变动范围较小，体现出稳定性。

6.2.1.7　目的性原则

目的性原则是指在所选择的指标中，其目的是为了正确评价煤炭资源回收率的合理性，具有较强的目的性，任何与此目的相悖的指标都不应包括在内，只选择与此相关的指标。

6.2.2　评价指标体系

在影响煤炭资源回收率合理性的众多因素中，在上述指标选择的原则下，采用统计分析的方法，我们从地质条件、生产技术水平与管理水平三个维度建立评价煤炭资源回收率合理性的指标体系。该体系共分 A、B、C 三层，包括 14 个评价指标，如图 6-1 所示。

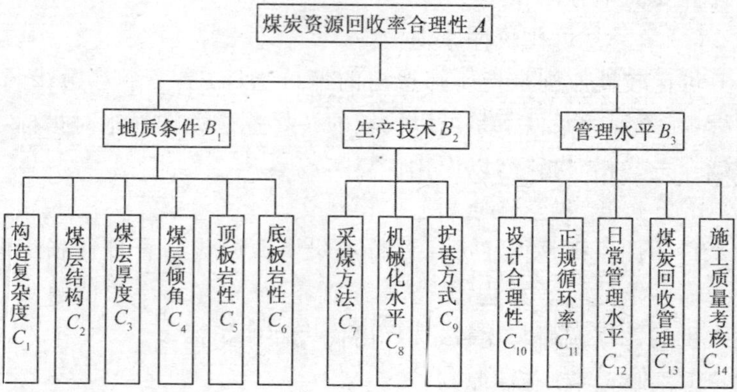

图 6-1　煤炭资源回收率合理评价指标体系

6.3　煤炭资源回收率合理性评价标准

6.3.1　煤炭资源回收率合理性评价标准确定原则

确定煤炭资源回收率合理性评价指标的标准时，要通过调查研究并结合我国的实际情况。在确定的过程中，我们遵循以下几个原则：

6.3.1.1　国标化原则

对于某些指标，如果有国家统一规定的标准，我们采用目前国家统一规定的标准进行，如采区回采率。针对不同的机械化水平，国家都有明确的界定。

6.3.1.2　平均化原则

对于一般的数量指标的标准，在没有国家标准的前提下，我们通过调查分析，在此基础上，利用统计方法确定其平均值，以平均值作为其评价基准，然后再进一步确定其他等级标准。

6.3.1.3　专家评议原则

在评价指标体系中，对于一些定性指标，我们采用专家评议的方法，针对具体的指标进行讨论，最后确定其评价标准。

6.3.2　煤炭资源回收率合理性评价指标标准

6.3.2.1　地质条件(B_1)

地质条件评价指标有构造复杂度、煤层结构、煤层厚度、煤层倾角、顶板岩性和底板岩性 6 个。

(1)构造复杂度(C_1)

构造复杂度是指在井田范围内主要地质构造断裂与褶皱的数量与规模。在这些影响因素中，主要是指断层与褶曲，对于大型的断层与褶曲，一般情况下作为矿井井田的边界来考虑，并不影响矿井回收率。对矿井回收率影响较大的是中小型断层与褶曲的数量，这些地质构造，一般是作为采区或工作面的边界处理，或在工作面回采过程中直接通过，作为边界处理，要留设煤柱，因此其数量越多其煤炭损失越多。根据作为边界来处理的构造数量来确定其回收率的合理性标准，如表 6-1 所示。

表 6-1　　构造复杂度与煤炭资源回收率合理性标准

中型以下断层、褶曲数量	>150	150～100	100～50	50
煤炭资源回收率合理性标准	≥55%	≥60%	≥65%	≥70%

(2)煤层结构(C_2)

煤层结构主要分为简单结构与复杂结构，简单结构是指煤层中不含有夹矸，复杂结构是指煤层中含有夹矸。一般情况下，夹矸不影响煤炭资源的回收率。因此，我们将煤层结构定义为煤层厚度的均匀性。变化均匀的煤层，其煤炭损失较少；而变化较大的煤层，其煤炭损失较大。煤层变化的均匀度定义为：

$$\gamma=\frac{d_{\max}-d_{\min}}{d_{\text{avg}}} \tag{6-1}$$

式中，γ 为煤层均匀度；$d_{\max}$ 为煤层的最大厚度，m；$d_{\min}$ 为煤层的最小厚度，m；d_{avg} 为煤层的平均厚度，m。

根据煤层变化的均匀度来确定其回收率的合理性标准，如表6-2 所示。

表 6-2　煤层变化均匀度与煤炭资源回收率合理性标准

煤层变化均匀度	＞30％	30％～20％	20％～10％	＜10％
煤炭资源回收率合理性标准	≥55％	≥60％	≥65％	≥70％

(3)煤层厚度(C_3)

煤层厚度是影响煤炭资源回收率的重要因素之一。根据煤层厚度，可将煤层分为巨厚煤层、厚煤层、中厚煤层、薄煤层及极薄煤层五个等级。根据目前开采条件，煤层厚度对回收率的影响差别不是很大，一般而言，煤层越厚其，煤炭损失越大。根据煤层等级确定其回收率的合理性标准，如表 6-3 所示。

表 6-3　煤层厚度等级与煤炭资源回收率合理性标准

煤层厚度等级	巨厚煤层	厚煤层	中厚煤层	薄煤层	极薄煤层
煤炭资源回收率合理性标准	≥65％	≥67％	≥70％	≥72％	≥75％

(4)煤层倾角(C_4)

根据煤层倾角可将煤层划分为急倾斜煤层、倾斜煤层、缓倾斜煤层和近水平煤层四个等级。根据煤层倾角确定其回收率的合理性标准,如表 6-4 所示。

表 6-4　　煤层倾角与煤炭资源回收率合理性标准

煤层倾角类型	急倾斜煤层	倾斜煤层	缓倾斜煤层	近水平煤层
煤炭资源回收率合理性标准	≥60%	≥65%	≥70%	≥75%

(5)顶板岩性(C_5)

根据煤层顶板的岩性,可以将煤层顶板划分为砂岩类、砾岩类、灰岩类和页岩类。对回采工作面回采率造成影响的是煤层的直接顶板。目前,直接顶板根据其稳定性可划分为不稳定顶板、中等稳定顶板、稳定顶板和坚硬顶板四类。一般情况下,煤层顶板稳定性越好,煤炭资源回收率越高。因此顶板岩性对回收率的标准的确定可根据煤层直接顶板的类型进行确定,其标准如表 6-5 所示。

表 6-5　　直接顶类型与煤炭资源回收率合理性标准

直接顶类型	不稳定	中等稳定	稳定	坚硬
煤炭资源回收率合理性标准	≥60%	≥65%	≥70%	≥75%

(6)底板岩性(C_6)

底板岩性与顶板岩性对资源回收率的影响是基本相同的,其底板类型根据其岩性的稳定性也分为不稳定底板、中等稳定底板、稳定底板和坚硬底板四类。一般情况下,煤层底板稳定性越好,煤炭资源回收率越高。因此底板岩性对回收率的标准的确定可根据煤层直接底板的类型进行确定,其标准如表 6-6 所示。

表 6-6　　直接底类型与煤炭资源回收率合理性标准

直接底类型	不稳定	中等稳定	稳定	坚硬
煤炭资源回收率合理性标准	≥60%	≥65%	≥70%	≥75%

6.3.2.2　生产技术(B_2)

生产技术评价指标有采煤方法、机械化水平和护巷方式 3 个。

(1)采煤方法(C_7)

采煤方法可分为露天开采和井工开采两大类。目前,我国露天开采较少,井工开采较为普遍。井工开采中又分为壁式开采与柱式开采。一般情况下,露天开采煤炭资源回收率较高,而在井工开采中,壁式比柱式煤炭回收率要高。因此对于采煤方法,我们按露天开采、壁式开采和柱式开采三大类进行确定煤炭资源回收率合理性标准。其标准如表 6-7 所示。

表 6-7　　采煤方法与煤炭资源回收率合理性标准

采煤方法	露天开采	壁式开采	柱式开采
煤炭资源回收率合理性标准	≥90%	≥75%	≥70%

(2)机械化水平(C_8)

机械化水平一般是根据回采工作面的落煤技术来决定的,在现有的生产技术条件下,我们除了根据回采工作面的落煤技术外,还根据回采工作面工艺进行划分。按此标准,我们将机械化水平分为炮采、一般机械化、综合机械化、放顶煤四种类型。四种类型的煤炭资源回收率合理性标准如表 6-8 所示。

表 6-8　采煤机械化水平与煤炭资源回收率合理性标准

采煤机械化水平	炮采	一般机械化	综合机械化	放顶煤
煤炭资源回收率合理性标准	≥70%	≥75%	≥75%	≥70%

(3)护巷方式(C_9)

护巷方式是指回采工作面两巷的保护形式。护巷方式目前主要有三种类型,即留煤柱、无煤柱、窄小煤柱。根据这三种类型,其煤炭资源回收率合理性标准如表 6-9 所示。

表 6-9　　护巷方式与煤炭资源回收率合理性标准

护巷方式	留煤柱	无煤柱	窄小煤柱
煤炭资源回收率合理性标准	≥70%	≥75%	≥72%

6.3.2.3　管理水平(B_3)

管理水平有设计合理性、正规循环率、日常管理、煤炭资源回收管理和施工质量考核等 5 个评价指标。

(1)设计合理性(C_{10})

设计合理性主要是指矿井设计与采区设计。衡量设计合理性的指标很多,从提高煤炭资源回收率这一角度出发,我们认为衡量设计合理性的标准应考虑以下几个标准:

一是各参数计算是否准确。主要是指阶段(水平)参数、采区参数、工作面参数等计算是否准确。

二是设备选择是否科学。指采掘设备的选择是否考虑了主要影响,是否考虑了企业的发展,是否满足生产的需要,是否经济可行。

三是开采方法选择是否科学。指开采方法的选择依据是否充分,是否与地质条件相适应,是否采用了先进的生产技术与设备等。

四是对地质构造的处理是否科学。对于大型的地质构造,在设计时考虑是否周全,处理是否得当等。

根据以上四个标准,我们认为设计合理性可分为两个等级:一是合理;二是不合理。如果设计合理,其煤炭资源回收率合理性值应大于 70%;如果设计不合理,即以上四个标准不全符合,只是部分符合,且存在一定的缺陷,则其煤炭资源回收率合理性值应大于 65%。

(2)正规循环率(C_{11})

目前在我国的采煤工作面,无论是炮采、机采还是综采,工作面采煤工艺一般都采用正规循环作业。正规循环的正常运行可极大地提高采煤作业的生产效率,如果正规循环不能正常进行,说明回采工作面遇到了难以解决的问题。这些问题在处理过程中,一是造成生产效率降低,二是使得煤炭资源回收率降低。因此正规循环作业的完成率也在一定程度上反映了煤炭资源的回收利用情况。在目前设计、生产技术与管理条件下,对于大型的煤炭企业,其正规循环率往往都比较大,因而其工作面的回采率都相当高,从而使煤炭资源的回收率也相对较高。根据这一情况,我们确定正规循环对煤炭资源回收率合理性的评价标准,如表 6-10 所示。

表 6-10　　正规循环率与煤炭资源回收率合理性标准

正规循环率	>98%	97%~98%	<97%
煤炭资源回收率合理性标准	≥75%	≥73%	≥70%

(3)日常管理(C_{12})

日常管理主要是指以采煤生产区队为核心的生产管理,考核日常管理的水平,应以生产质量与效率的提高为目标,以促进管理水平的提高为目的,在此基础上,加强区队的建设。对区队日常管理指标的考核,主要考虑以下几个标准:

一是生产班前会是否达到了预期的目的。班前会是目前我国煤矿生产区队进行的一项主要工作,通过该小型的短会,可有效地了解职工的动态,生产的基础情况,安全基本情况,在生产过程中可能遇到的困难与问题以及如何处理等事件。这是一种高效的工作方式。

二是对各种生产指标的考核是否到位。管理水平的高低一般可通过指标的完成来体现，同样，区队生产管理水平的高低也是通过生产指标来体现的。因此对日常的生产情况进行统计与分析是区队管理的一项内容，可通过对其工作细致程度来体现日常管理工作的是否到位。

通过以上标准对日常管理进行分级，可分为优秀、良好、合格、不合格四个等级，这些等级与煤炭回收率合理性的关系如表6-11所示。

表6-11　日常管理水平与煤炭资源回收率合理性标准

日常管理水平	优秀	良好	合格	不合格
煤炭资源回收率合理性标准	≥75%	≥73%	≥70%	≥68%

(4)煤炭资源回收管理(C_{13})

煤炭资源回收管理是指针对煤炭资源的高效回收是否在管理上采取了措施与手段，以加强对煤炭资源回收的管理。这一指标在一定程度上体现了一个企业对资源的重视程度，是否真正做到了不浪费资源，实现可持续发展。在目前一些煤矿企业，对这一问题的认识还有不到位的地方，如对回采工作面浮煤的清扫回收、边角残煤的合理回采等。由于这些煤炭的回收可能影响其生产效率，也可能在工艺布置上较复杂而完不成上级主管部门下达的生产任务，进而影响到其业绩等情况而不乐意回收。因此在煤炭资源回收管理这一指标确定时，应考虑以下几个标准：

一是是否制定了相关针对煤炭资源回收率，特别是工作面煤炭资源回收率的考核标准。

二是针对煤炭资源回收率的考核是否到位。

三是针对边角残煤、保护煤柱、边界不规则工作面等特殊情况处理是否到位与合理。

根据以上标准，将煤炭资源回收管理水平进行分级，可分为优秀、良好、合格、不合格四个等级，这些等级与煤炭回收率合理性的关系如表 6-12 所示。

表 6-12　　煤炭资源回收管理水平与煤炭资源回收率合理性标准

煤炭资源回收管理水平	优秀	良好	合格	不合格
煤炭资源回收率合理性标准	≥75%	≥73%	≥70%	≥68%

(5)施工质量考核(C_{14})

施工质量主要是指保证煤炭资源的正常开采而进行的地下建筑物与构筑物的施工质量。施工质量对煤炭资源回收率的影响是较大的，如回采工作面上下两巷是按设计进行布置，如果布置不合理，造成所留煤巷过大，将导致煤炭资源不能回收，影响到煤炭资源的回收率。因此在制定施工质量考核水平时，应考虑以下几个标准：

一是施工设计是否合理。目前，我国对煤炭井下建筑物与构筑物设计已较为完善，设计水平一般都能在技术与经济上达到较合理的水平，这一标准在一般的煤炭生产企业都能达到。

二是是否按照施工质量标准进行验收。我国目前的煤矿施工设计中，设计方案都是较科学与合理的。问题的关键是，在验收环节是否严格按设计标准进行了验收。这也是衡量施工质量管理的关键环节之一。

根据以上两个标准，我们认为施工质量考核水平可分为两个等级：一是合格；二是不合格。如果考核合格，其煤炭资源回收率合理性值应大于 70%；如果考核为不合格，即以上两个标准不全符合，只是部分符合，且存在一定的缺陷，则其煤炭资源回收率合理性值应大于 65%。

6.4　煤炭资源回收率综合评价模型

如上所述，评价一个煤炭企业煤炭资源回收率是否合理时，由于其影响因素众多且复杂，又具有一定的不确定性与随机性，加之许多因素是定性的，处理定性因素的方法又有许多，因此在建立评价模型时、我们选择模糊综合评价模型作为评价煤炭资源回收率合理性的方法。该评价方法共包含三个步骤：一是确定各因素的权重；二是利用模糊数学的方法确定综合评价值；三是根据综合评价值来确定评价等级。

6.4.1　层次分析法确定因素间的权重

层次分析法（Analytical Hierarchy Process，AHP），是美国运筹学家 T. L. Saaty 教授于 20 世纪 70 年代提出的，主要解决无法量化的定性问题。

层次分析法处理决策问题的核心是建立层次递阶结构，即层次模型，然后对同一层次的各元素针对上一层次的目标进行两两因素之间的重要性判断，以量化的标准数值来表示，然后对这一比较判断的数据矩阵通过数学方法处理而计算出其相对重要性，即各因素的权重。最后通过演算得到各因素的总排序。在这整个过程中，体现了人类决策思维的基本特征，即分解、比较、判断与综合。

利用层次分析处理煤炭资源回收率合理性评价这一问题，根据实际影响因素分析，我们构造了其层次分析模型。针对所设立的层次及指标层的各项指标，采用专家研判的方式，设计了调查问卷，发放调查问卷给专家。通过对调查问卷的分析处理，以平均值作为判断标准形成了各层次的两两比较矩阵。

6.4.1.1 B-A 判定矩阵

B-A 判定矩阵的专家判断结果如表 6-13 所示，通过和法计算其各因素的权重及一致性检验结果。通过分析，其通过一致性检验。

表 6-13 **B-A 判定矩阵及其计算结果**

A/B	B_1	B_2	B_3	权重
B_1	1	1/2	2	0.286
B_2	2	1	4	0.571
B_3	1/2	1/4	1	0.143
检验值	RC=0<0.10			

6.4.1.2 C-B_1 判定矩阵

C-B_1 判定矩阵的专家判断结果如表 6-14 所示，通过和法计算其各因素的权重及一致性检验结果。通过分析，其通过一致性检验。

表 6-14 **C-B_1 判定矩阵及其计算结果**

B_1/C	C_1	C_2	C_3	C_4	C_5	C_6	权重
C_1	1	5	3	4	7	7	0.437
C_2	1/5	1	3	2	5	5	0.217
C_3	1/3	1/3	1	3	4	4	0.168
C_4	1/4	1/2	1/3	1	2	2	0.08
C_5	1/7	1/5	1/4	1/2	1	1	0.046
C_6	1/7	1/5	1/4	1/2	1	1	0.046
检验值	RC=0.059<0.10						

6.4.1.3　C-B_2 判定矩阵

C-B_2 判定矩阵的专家判断结果如表 6-15 所示，通过和法计算其各因素的权重及共一致性检验结果。通过分析，其通过一致性检验。

表 6-15　　C-B_2 判定矩阵及其计算结果

B_2/C	C_7	C_8	C_9	权重
C_7	1	2	4	0.571
C_8	1/2	1	2	0.286
C_9	1/4	1/2	1	0.143
检验值	RC=0<0.10			

6.4.1.4　C-B_3 判定矩阵

C-B_3 判定矩阵的专家判断结果如表 6-16 所示，通过和法计算其各因素的权重及共一致性检验结果。通过分析，其通过一致性检验。

表 6-16　　C-B_3 判定矩阵及其计算结果

B_3/C	C_{10}	C_{11}	C_{12}	C_{13}	C_{14}	权重
C_{10}	1	2	3	4	6	0.423
C_{11}	1/2	1	2	3	5	0.269
C_{12}	1/3	1/2	1	2	3	0.175
C_{13}	1/4	1/3	1/2	1	2	0.096
C_{14}	1/6	1/5	1/3	1/2	1	0.056
检验值	RC=0.010<0.10					

在以上计算的基础上，进行权重的再分配，以确定各因素的总

的排序情况，其计算过程及计算结果如表 6-17 所示。

表 6-17　各指标总权重计算结果

	B_1	B_2	B_3	w_i
	0.286	0.571	0.143	
C_1	0.437	0	0	0.125
C_2	0.217	0	0	0.062
C_3	0.168	0	0	0.048
C_4	0.08	0	0	0.023
C_5	0.046	0	0	0.013
C_6	0.046	0	0	0.013
C_7	0	0.571	0	0.326
C_8	0	0.286	0	0.163
C_9	0	0.143	0	0.082
C_{10}	0	0	0.423	0.060
C_{11}	0	0	0.269	0.038
C_{12}	0	0	0.175	0.025
C_{13}	0	0	0.096	0.014
C_{14}	0	0	0.056	0.008

6.4.2　模糊综合评价方法确定综合评价值

确定煤炭资源回收率合理性评价值，可通过以下步骤完成：

6.4.2.1　确定各评价指标的隶属度

确定各评价指标的隶属度时，首先根据某生产企业的实际情况确定各指标的观测数值，根据实际观测数据，再依据上述对各评价指标的评价标准，以线性函数形式来计算其隶属度。

6.4.2.2 确定煤炭资源回收率合理性评价值

在确定各评价指标隶属度的基础上，以隶属度与其权重相乘后求其和得到其评价结果的评价值，即：

$$R=\sum_{i=1}^{14} w_i d_i \tag{6-2}$$

式中，R 为煤炭资源回收率合理性评价值；w_i 为第 i 个评价指标的权重；d_i 为第 i 个指标的隶属度。

6.4.3 煤炭资源回收率合理性评价等级

煤炭资源回收率合理性评价等级是在煤炭资源回收率合理评价值的基础上，通过下式计算其相对标准值：

$$r=\frac{H-R}{R} \tag{6-3}$$

式中，r 为煤炭资源回收率相对标准值；H 为煤炭资源回收率实际值。

根据 r 值的大小，我们将煤炭资源回收率合理性评价等级分为以下四个等级：$r<0$，不合理；$0\leqslant r<0.1$，合理；$0.1\leqslant r<0.15$，较合理；$0.15\leqslant r<0.2$，非常合理。

6.5 付村煤业公司煤炭资源回收率合理性评价

6.5.1 煤炭资源回收率的基本情况

付村煤业有限公司隶属于枣庄矿业集团，矿井设计能力为 120 万 t/年，现生产能力已达到 300 万 t/年。所采煤层为 3 煤。在矿井井田范围内，地质构造简单，大断层较少，煤层属于倾斜特厚煤层，煤层构造简单，煤质优良。在生产初期，采用综合机械化采煤，近几年随着综采放顶煤技术的成熟与推广，在该井田内采用综采放顶煤技术，大大提高了矿井生产的规模，煤炭产量增长迅速，成为枣庄矿业集团主力矿井之一。由于综采放顶煤技术本身的特点，在追求生产规模与效率的同时也不可避免地影响到煤炭资源的回收率。在利用综采放顶煤技术实践中，公司科技人员积极探索试验，对现有的放顶煤工艺及煤炭资源损失的主要解决方法做了大量的工作，极大地提高了资源的回收率。近几年，煤炭资源回收率稳步提高，其具体情况如表 6-18 所示。

表 6-18　付村煤业有限公司近几年煤炭资源回收率情况

年份	2009	2010	2011	2012	2013
煤炭资源回收率	70.2%	73.4%	75.2%	78.3%	80.1%

6.5.2　煤炭资源回收率的评价等级

通过现场调查与数据搜集整理，付村煤业有限公司 2013 年煤炭资源回收率合理性评价指标值及其隶属度计算值如表 6-19 所示。

表 6-19　2013 年付村煤业有限公司煤炭资源回收率合理性指标值及其隶属度

序号	指标	指标值	隶属度	序号	指标	指标值	隶属度
1	C_1	23	0.70	8	C_8	放顶煤	0.70
2	C_2	9.2%	0.70	9	C_9	窄小煤柱	0.72
3	C_3	巨厚煤层	0.65	10	C_{10}	合理	0.70
4	C_4	倾斜煤层	0.65	11	C_{11}	99%	0.75

续表

序号	指标	指标值	隶属度	序号	指标	指标值	隶属度
5	C_5	稳定	0.70	12	C_{12}	优秀	0.75
6	C_6	中等稳定	0.65	13	C_{13}	优秀	0.75
7	C_7	走向长壁	0.75	14	C_{14}	合格	0.70

以上述数据为基础，根据公式(6-2)计算其综合评价值：

$$R=\sum_{i=0}^{14}w_i d_i \approx 0.718$$

再根据公式(6-3)计算该公司近几年的煤炭资源回收率合理评价等级，如表 6-20 所示。从表 6-20 中可以看出，在 2009 年，该公司煤炭资源回收率处于不合理等级，2010 年该公司煤炭资源回收率处于合理等级，2013 年达到较合理等级。

表 6-20　近几年付村煤业有限公司煤炭资源合理性评价等级

年份	2009	2010	2011	2012	2013
合理性相对值	−0.0223	0.0222	0.0473	0.0905	0.1156
合理性等级	不合理	合理	合理	合理	较合理

6.5.3 煤炭资源回收率存在的主要问题

根据评价结果对各个评价指标进行分析，结合付村煤业有限公司的生产实际情况，综合各种因素，我们认为公司在煤炭资源回收方面做了一定的工作，也取得了较令人满意的成绩，受到了上级主管部门的表扬与鼓励。尤其是近几年，在煤炭资源回收方面采取了一系列的措施，特别是在设计与生产工艺方面，取得了突破性的成绩，大大提高了煤炭资源回收率。但综合来说，在以下几个方面，仍存在改进的空间：

(1)在采区设计过程中，采用窄小煤柱护巷，其煤柱的大小仍有一定改进的空间，能否采用无煤柱开采，可积极进行科学研究，探讨其可行性。

(2)对于放顶开采两巷顶煤、开切眼顶煤、工作面到巷道的过渡阶段的顶煤等回收问题是影响煤炭资源回收率的关键因素之一，应采取应对措施，加强该区域煤炭的回收。

(3)对于边界不规则煤层的开采是目前造成煤炭损失的重要因素之一，应在工艺上采取措施，加强管理，及时回收该部分煤炭。

(4)在放煤工艺上，由于地下环境的影响，对于是否放净等问题，需要技术上的支持，确保顶煤的冒放性及回收率的提高。

(5)在日常的浮煤清扫等管理上，仍有不到位的现象。

6.6 付村煤业公司提高煤炭资源回收率策略

6.6.1 开采设计策略

目前付村煤业有限公司所采主煤层为3煤，由于地质构造的影响，3煤分为$3_{上}$、$3_{下}$两层。$3_{上}$煤层与$3_{下}$煤层的煤炭回收率影响因素，地质条件与采煤工艺不同，因此应采取不同的措施来提高煤炭资源的回收率。

6.6.1.1 $3_{上}$煤层开采设计策略

付村煤业有限公司目前所开采的主煤层之一$3_{上}$煤层，其平均煤厚为5.3m，属于巨厚煤层。其主要的煤炭损失环节如下：一是回采工作面上下两巷丢煤；二是回采工作面端头丢煤；三是工作面不规则造成的煤炭损失。

(1)提高回采工作面上下两巷煤炭回收率措施

回采工作面上下两巷煤炭损失的主要原因是煤层厚度大小影响巷道高度而造成巷道上部煤层无法回收。因此两巷超前支护采用巷道超前支架，其支护高度为3.0～5.0m，可有效地减少巷道及两端头过渡段丢煤。大采高工作面按每年推采700m，两端头过渡段由原来的7架减少到4架，则多回收煤炭：700×2×3.8×0.8×1.34＋700×2×(1.5×4×0.8)×1.34＝14707(t)。

同时，我们积极研究并实施了巷道顶煤预裂放煤技术来解决两巷顶煤回收问题，具体做法是将巷道高度设计成净宽3.8m，净高3.8m。综放面按全年推采1800m计算，因增加巷道高度及实施巷道放顶煤，预计多回收顶煤：3600×2×3.8×1.34＝36662(t)。

(2)提高回采工作面端头煤炭损失措施

对于回采工作面端头，由于巷道高度与回采高度不一致，在实际生产过程中，往往是煤层的开采厚度大于巷道的高度，在支护时又必须保持连续，这样就造成了回采工作面端部分煤炭无法回收，造成丢煤现象。为了解决此问题，可采取插破顶网(剪网)实施端头放煤。对综放工作面两端头各三组铺设顶网支架实施插网放煤。按顶煤厚度2m，工作面年推采1800m，则多回收煤炭：1800×2×1.5×6×1.34＝43416(t)。

(3)提高放煤效率的措施

放顶煤回采工作面放煤工艺直接影响到煤炭资源的回收情况，是造成煤炭资源损失的重要影响因素。通过研究我们对原有的放煤工艺进行了改进，即在原放煤工艺的基础上增加了一道工序，即新工艺为：割煤→移架→推前溜→放煤→拉后溜→放矸(充填拉后溜出现的空间)。放煤新工艺与原丢煤示意图如图6-2所示。

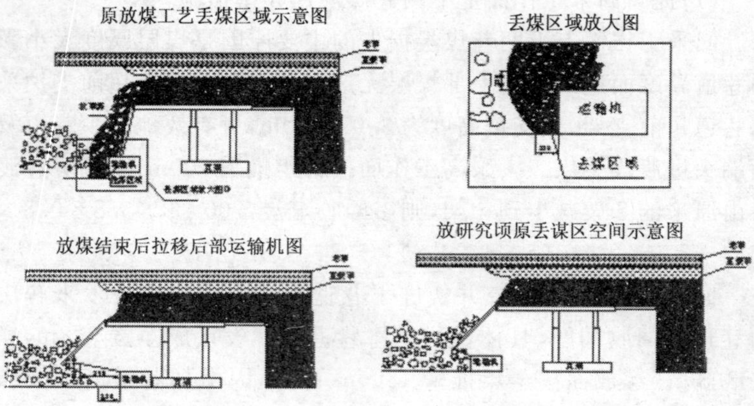

图 7-2　放煤前后回采工作面示意图

6.6.1.2　$3_{下}$ 煤开采设计策略

$3_{下}$ 煤也是付村煤业有限公司所开采的主要煤层，其煤层煤厚平均为 4m。针对 $3_{下}$ 煤层的地质条件，我们采取的提高煤炭资源回收率的主要措施是：采取轨顺、切眼沿顶沿底掘进，巷道最大高度为 4.6m，使用巷道支架进行工作面两道超前支护，巷道支架的支护高度是 3.0～5.0m，解决了因巷道超过 3.8m 使用单体进行超前支护的制约问题，实现了工作面资源的最大回收。可实现巷道顶煤在掘进期间全部回收，回采期间实现端头过渡段无丢煤，按每年 $3_{下}$ 推采 1500m，共计回采 3000m 巷道，则可多回收煤炭：$3000\times2\times3.8\times1.34+3000\times(1.2\times6\div2)\times1.34=45024(t)$。

6.6.1.3　不规则工作面开采设计策略

现在综合采煤方法在设计工作面时，由于液压支架的限制，工作面往往设计为方形，这样有利于工作面的布置。同时在工作作业时，其生产工艺较为简单，方便操作，即不存在频繁增减支架的操作。但在实际生产过程中，由于煤炭资源赋存条件的限制，特别是在开采边界煤层时，工作面的布置如果还按传统的方形设计，这样不可避免地会对煤炭资源造成损失。为了解决边界煤层、断层等构造造成不规则的煤层这一情况，要求工作面设计变长方形或“刀把”形。采用这一设计，不但确保了安全生产，效果也更为显著，极大地提高了煤炭资源的回收率。其工艺示意图如图 6-3 所示。

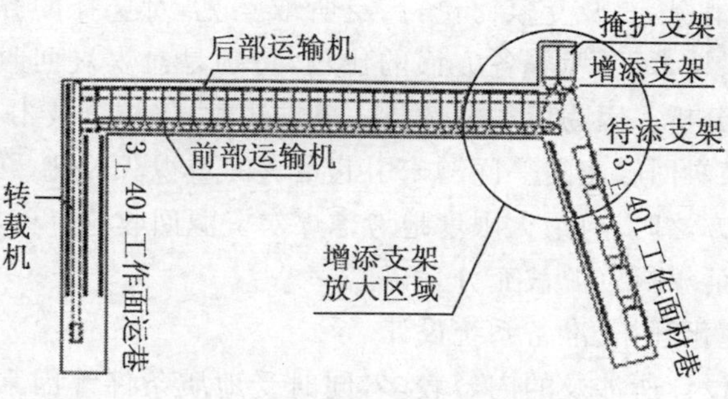

图 6-3　不规则工作面生产工艺示意图

通过采用新的生产工艺，可较好地解决不规则工作面回采丢煤现象，极大地提高了煤炭资源的回收率。

6.6.2　开采方法选择

6.6.2.1　在开采设计阶段，根据实际地质条件，进行科学合理的开采设计

(1)做好地质勘探工作，确定合理的开拓方式

矿井的开拓方式是矿井设计中最重要的环节，确定以后不可能改正了，因此需要充分地论证。同时，不同的开拓方式其造成的煤炭资源的丢失是不同的，与煤炭资源的回收关系密切。好的矿井开拓方式需要准确的煤炭资源的赋存状况资源。煤炭资源是埋藏在地下的宝贵资源，为了保护资源，首先要对其进行勘探，确定其赋存状况及其赋存规律，对其掌握得越详细，在确定矿井开拓方

式时就越有利，更好与煤炭资源所赋存的状况相一致，保证最大限度地开采出煤炭资源。

(2)综合分析、合理选择采煤方法

采煤方法与煤炭资源回收率关系密切，如条带开采煤炭损失就高，壁式开采煤炭回收率就高。因此在选择采煤方法时，应根据煤层赋存情况，召开专家讨论，广泛听取意见，对选择的开采方法进行经济、技术、环境等各方面的比较，特别是对煤炭回收率这一指标进行分析。因为以往在选择采煤方法时，仅注重技术、经济的比较，对煤炭回收率这一问题未引起足够的重视。因此，在选择合理的采煤方法时，应最大限度地考虑煤炭资源回收这一问题，最大限度地保证煤炭资源被充分采出。

(3)优化开拓、准备系统设计

矿井设计所涉及的内容较多，同时受地质条件等因素的影响较大，不同的采区设计参数对煤炭资源回收率影响较大。因此在设计时，应充分考虑煤炭资源回收率这一重要因素，对矿井开拓方式、采区参数、工作面参数等进行综合分析、优化设计，确保最大限度地开采出煤炭资源。对于付村煤业公司，根据当前生产的实际情况，对新的采区设计时，应注重以下几个方面：一是合理地确定采区的边界，在采区边界确定时，应充分考虑煤炭赋存条件及规律，尽量利用地质构造等自然因素作为采区的边界，特别是受地质因素的影响，如受微山湖的影响，其开采上限的确定等应充分调研，确定其合理的开采上限。二是保安煤柱的合理留设问题，对于区段煤柱，应在试验的基础上，实现小煤柱开采或无煤柱开采。对于受微山湖影响的开采上限问题，在保证安全生产的前提下，最大限度地提高；对于其他保安煤柱，也应进行充分调研，确定其合理值，确保最大限度地开采出煤炭资源。三是可适当地增加工作面长度与宽度，工作面长度增加，可较大地提高工作效率，同时也能降低煤炭损失率。

(4)开采中可因地制宜适量增加采区巷道

矿井开采是其工作对象不断变化的工作，受地质条件的影响巨大，在设计时尽管考虑了许多因素，并最大限度地进行了优化与选择，但由于地下环境的多变性与随机性，各种可能的情况都可能发生，当条件变化时，原有的设计可能不再适应目前的开采技术，也可能造成煤炭资源的损失。因此应根据条件的变化，在适当的地方进行重新设计，特别是对于边角残煤的开采，更应该在必要的时候适当增加一些采区巷道，尽可能多地开采出地下煤炭资源。

6.6.2.2　选择科学合理的综放工艺

(1)采用合理的放煤工序

目前付村煤业公司工作面采用综采放顶煤技术，这一技术虽然具有生产高效的特点，但其煤炭资源的回收率相对较低，而影响煤炭资源回收率的主要因素是综采放顶煤开采过程中的放煤工艺。采用不同的放煤工艺，其煤炭资源的回收率是不同的。特别是工作面后方放煤，由于工作环境较差，视线较差，放煤效果主要取决于操作人员的工作经验，为了提高后方放煤效果，公司应加强以下几个方面的工作：

一是实施多轮放煤。改变过去单一的放煤工作，试验多轮放煤，以加大顶煤的回收率。每次放煤都要进行相应的顶煤检查，观察其冒放性，正确确定下一轮放煤的操作方式。

二是改变放煤的顺序。工作面的放煤顺序可从工作面的一端向另一端顺序放煤，也可以从工作面的中间向工作面两端依次进行。

三是均匀放煤。在顶煤的放煤过程中，控制顶煤的放煤速度，保证均匀放煤，以使放下的煤炭顺利进行运输，避免由于放煤不均匀造成运输机运输不及时而造成煤炭损失。

(2)正确选择采放比

采放比是指放煤高度和机采高度的比值。如果放采比太大，会造成放煤过程中顶煤的大量丢失，不利于顶煤采出率的提高，应采用分层铺网综放开采。

(3)正确选择放煤步距

放煤步距也是影响综放工作面顶煤采出率的一个关键因素，合理地选择放煤步距，对提高煤炭采出率、降低含矸率至关重要。当放煤步距过大或过小时，都会使采空区一部分冒落的顶煤还来不及到达放煤口时，采空区的矸石已进入，按照“见矸就关”的原则，这部分顶煤将被关在放煤口之外。只有当放煤布距合理时，待顶煤全部放完时，顶部矸石和采空区矸石将同时到达放煤口，此时关闭放煤口，煤炭损失最少，顶煤采出率最高，而含矸率也最低。

(4)正确选择支架放煤口的高度

放煤口的高度也是影响工作面煤炭资源回收率的重要因素之一。放煤口过高，处于底部的煤炭不能有效地放出，造成煤炭资源的损失；而放煤口过低，却会引起操作不便，安全性较差等现象。因此在实际操作过程中，应根据环境的情况，正确地选择支架放煤口的高度，最大限度地保证煤炭资源的有效回收。

(5)减少生产过程中的损失

一是减少初采损失。在综采放顶煤中，初采损失不可避免，虽然损失量不大，但也应减少其损失量。减少初采损失比较有效的办法是切顶巷技术。切顶巷技术是采用减小初采期间顶煤的垮落步距来提高回采率。其方法是在工作面开采前，在切眼外上侧沿顶板掘进一条与开切眼平行的辅助巷道(即切顶巷)，并在巷道的一帮打眼放炮，以缩小工作面的初次垮落步距，及早实现放顶煤。

二是在条件允许的情况下，采取措施，在末采时尽可能多放煤。末采时尽可能在合理位置停放，减少末采时不放煤造成的损失量。

三是解决端头放煤。由于工作面的高度由工作面支架的高度所决定，同时巷道高度与工作面高度不一致，造成工作面端部分煤炭不能采出，因此在工作面两端头可采用逐步过渡的方法来避免煤炭的损失。

四是改善煤体原始特性，提高冒放性。冒放性是提高顶煤回收率的重要指标，如顶煤冒放性较差，则其被放出的可能性较小，大量煤炭不能有效放出。因此，在实际工作过程中，应采取措施以改变顶煤的冒放性。如可多轮放煤，逐步放煤等。

6.6.2.3　合理选择综放面设备

综采放顶技术的采用，极大地提高了工作面的生产效率，使千万吨工作面成为可能。但工作面煤炭采出率的提高与综采设计关系密切。大采高工作面的应用，取决于与之相适应的综放设备。综放工作面影响顶煤采出率的设备主要是工作面液压支架。因此在实际生产过程中，对支架的选择应注意以下几点：

一是端头支架、排头支架。由于端头设备布置集中，顶板须加强支护，端头放煤会给端头的顶板管理带来困难。现在端头支架的尾部采用掩护式，即尾部用钢板将后部输送机、转载机尾与老塘顶煤隔开。要想进行端头放煤，就必须处理好放煤与顶板支护的矛盾。通过现场观测，使用收摆尾梁式低位放顶煤端头支架，顶煤运移到端头支架尾梁尾部落地时，再将其放入转载机尾部运走。由于顶煤落地时被回收，故对顶板支护的负面影响较小。采用这种端头支架，既可以保证两端头的支护质量，又可以将运输巷内的顶煤部分回收。

二是中间支架。对于低位放煤支架来说，由于放煤口位置低，接近底板，放煤支架上方空间大，为顶煤的破碎提供了良好条件，顶煤可以充分松散破碎，不存在放煤口造成的顶煤丢失，同时，低位放煤支架放煤口与支架同宽，无高、中位支架存在的脊背煤损失。因此，提高顶煤采出率，应该首先选择双输送机低位放煤支架。

6.6.3 生产组织策略

6.6.3.1 成立资源管理小组

煤炭资源是埋藏在地下的宝贵的不可再生的资源，公司领导应从可持续发展的角度，既保证本代人的需求，又不对后代人的需求产生危害。对于本公司所开采的资源，应成立专门的煤炭资源管理小组，隶属于公司总经理直接管理，其主要的职责是协调各生产部分，如计划、设计、采矿、洗选、掘进等。在各个环节中，加强煤炭资源的回收管理率，同时对各部门的煤炭资源回收情况进行监督，各有关部门设计联系员，具体负责任务的执行与回报工作。

6.6.3.2 制定资源管理办法

煤炭资源是不可持续与再生的资源，是国民经济发展的动力与源泉，同时也是公司持续发展的基础与条件。公司领导、各级组织部门应根据公司煤炭赋存的实际情况，制定煤炭资源的具体管理办法，其主要内容应包括以下几个方面：一是制定总的煤炭资源管理方法；二是制定采煤区队在生产过程中的具体管理办法；三是制定在设计阶段的煤炭资源管理具体办法；四是制定在巷道掘进过程中的煤炭资源具体管理办法；五是制定在煤炭洗选过程中的具体管理办法；六是制定煤炭在运输过程的具体管理办法。

6.6.3.3 制定严格的验收制度

为了加强煤炭资源的管理，应制定出了在煤炭生产、设计、加工、洗选等阶段管理煤炭资源的办法，通过这些具体的管理方法，可加强煤炭资源管理，提高煤炭资源的回收率。但将这些管理办法实施时，也应制定相应的严格的验收制度，做到有法可依。对管理落实到位的单位应予以表扬与鼓励，具体内容应与其完成的情况按一定比例，成增长关系进行物质奖励，同时也可在年度评比过程中加入此项指标，与单位、个人的绩效考核相联系。

6.6.3.4　实现煤炭损失的定额管理

煤炭资源的定额管理是指在每一个具体的生产单位，根据其所开采的煤炭资源赋存条件，从优化设计过程开始，制定具体的煤炭资源回收率指标，并将这一具体的煤炭资源回收率指标落实到每一个具体的生产区队，甚至是每一个人，同时特别应与煤炭开采工艺的每一个过程相联系，制定相应的定额标准。实现煤炭资源回收的定额管理，将具体回收指标分解，最大限度地保证煤炭资源的有效采出。

在实行煤炭损失的定额管理与具体实施时，应重点考虑以下情况：

一是建立以采出率(或损失率)为主的考核体系。煤炭资源的采出率是衡量单位煤炭资源回收情况的有效的定量指标。在建立煤炭资源回收考核指标体系时，应以此指标为主，该指标所占权重应在 0.8 以上。

二是调整考核内容。在具体实施煤炭资源回收定额管理的过程中，在计划设计阶段制定的标准与考核内容，在生产阶段应根据生产的实际，特别是地质条件，在开采时掌握的资源准确性较高，应作出相应的调整，以确保所制定的标准符合生产实际，保证煤炭资源的有效回收。

三是修改考核标准，取消一刀切指标。由于煤炭开采条件的变化以及生产环境的变化，加之国家政策的变化，这些因素在一定程度上都对煤炭资源回收管理的标准造成了一定的影响。同时，考核也应根据生产实际，具体问题具体分析，不同的部分其生产对象与环境是不同的，所以对不同的单位所制定的标准也应不同。即使是同一部门，由于时间不同，其标准也应不同，每 3～5 年一个标准，保证标准既动态变化，又相对稳定。

6.6.3.5　加强回采工作面的现场管理

回采工作面采煤工艺是煤炭资源丢失的重要源，在开采过程中,煤炭资源丢失的主要环节有工作面初采、回采巷道两端头、回采巷道顶部、放煤工艺、煤炭运输、底煤处理等。将煤炭资源回收作为一个系统来整体处理,处理好工作面回采过程中的各个环节,将每一环节可能丢煤的影响因素都要全面考虑,每一环节都制定相应的考虑办法和处理步骤,同时考核与单位、个人绩效相结合。

加强职工培训工作,对每一个职工所处的工作岗位,对其操作流程进行标准化,严格按照标准化的作业流程来操作,重要的岗位要进行相应的岗位培训,由专门部门进行考核,发放相应的岗位证书,实现岗位持证上岗。

6.6.3.6　搞好储量管理工作,完善监督机制

储量管理是指矿井三量,即地质储量、矿井储量与回采储量,这三个储量的比例关系,反映了地下煤炭资源的开采利用程序,也反映了企业持续稳定发展的程序。它从宏观上对煤炭资源进行动态管理。

为了避免煤炭资源在开采过程中存在的急功近利现象,如只开采条件好的厚煤层,而不开采条件差的薄煤层,造成原设计矿井服务年限缩小,企业过早进入开采后期,或者产量减少,使企业进入后期。应严格执行设计规范所规定的三量比例,将其纳入公司领导绩效考核指标中,以避免以上现象的出现。

6.6.3.7　加强放煤工的培训,并使放煤工作专职化

综采放顶煤开采目前公司应用比较成熟,存在丢煤比较大的工艺主要体现在放煤工艺上,同时放煤工艺由于环境条件的限制,是一个技术含量较高的工作,既要有正确的业务操作流程,同时又要有丰富的现场经验,才能做到少丢煤,提高煤炭资源的回收率之目的。为此,应加强放煤工的培训,使其工作规范化。培训内容包括业务内容、经验介绍及操作工艺。特别是操作工艺及现场操作经验应引起特别的注重,在实际培训过程中应注意以下几个方面的内容:

有条件时应采用分段、多轮间隔放煤方法。但分段、多轮间隔方式操作比较复杂，在放煤量的控制上要求较高。首先，从理论上为放煤工讲解放煤工艺、煤层垮落机理、单轮顺序放煤、单轮间隔放煤、多轮放煤的具体放煤方式，分析不同的放煤方式对工作面回采率的影响；其次，到现场示范指导放煤工如何掌握多轮间隔放煤的尺度，确保顶煤均匀放出。

坚持以放煤工序为中心，规定采煤区队各生产班固定专人放煤，每班设三人，每天必须有两人上班，一律持证上岗，不准空班。放煤工严格按照两刀一放和多轮间隔放煤，不能超放或少放，在放煤完毕后，由放煤工负责拉后部输送机，支架工只能在非放煤位置拉后部输送机。

第七章 厚煤层提高工作面回采率的保障体系

7.1 厚煤层提高工作面回采率的保障体系结构

影响工作面回收率的因素众多，人们从不同的方面分别进行了探讨与研究，目前主要的途径有：一是从技术上，如采用小煤柱开采、无煤柱开采、缩小采区煤柱尺寸等；二是从管理上，如在采区实施回采率的量化管理、制定各项规章制度以规范开采工序、操作作业规程等。这些措施在一定程度和限度内提高了采区回收率，但提高工作面煤炭资源的回收率是一项复杂的系统工程，必须综合各种因素进行全面考虑，才能从总体上提高采区工作面回采率。当今社会是以计算机技术、信息技术、生物技术为代表的新经济时代，在这个新经济时代里，随着计算机网络技术的发展，带来了信息传递方式的变革，对企业的生产、经营、管理模式产生了巨大影响。基于此，我们提出了以计算机网络为基础的提高煤炭资源回收率的可视化保障体系，如图 7-1 所示。

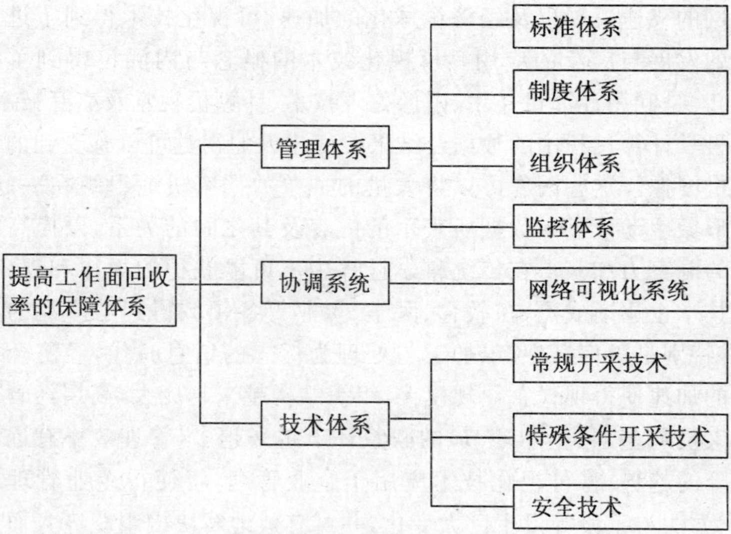

图 7-1　提高工作面煤炭资源回收率的可视化保障体系

7.2　可视化技术的起源与发展

可视化是将数据信息和知识转化为一种视觉形式，充分利用人们对可视模式快速识别的自然能力。可视化是将人脑和现代计算机这两个最强大的信息处理系统联系在一起，通过可视化的界面使人们能够观察、操纵、研究、浏览、探索、过滤、发现、理解大规模数据，并与之交互，从而有效地发现隐藏在信息内部的特征和规律。可视化作为一个有组织的科学分支起源于美国国家科学基金会(NSF)的报告《科学计算中的可视化》，在该报告中，可视化被设想为这样一种工具：它能够处理大型科学数据，并且能够提高科学家观察数据中存在的规律的能力。近几年来，随着信息技术与因特网的飞速发展以及经济全球化的加速，可视化技术得到了进一步的发展与广泛的应用。可视化技术的概念与内涵也得到了统一：就是利用计算机技术、图像处理技术、计算机视觉及交互技术，把科学计算过程中的数据及结果转变成人的视觉可以感受到的计算机图像。这些图像可以将大量的抽象数据有机地组织在一起，并形象生动地显示数据所表示的内容及其之间的关系，以提高人们的洞察力和获得在传统科学计算中不可能获得的规律和现象。其技术也逐渐成熟，在教育、医学、工业等各领域得到了广泛的应用，特别是以信息生产、加工与处理为标志的信息时代，经济全球化的加速使得现代企业规模化，组织结构越来越庞大，高层经营管理人员与基层(生产环节)的联系环节越来越多，管理效率有逐渐下降的趋势，将可视化技术应用于企业管理，将使得企业管理理念、方法与手段等发生巨大变化，并可有效地解决因组织庞大而使管理效率下降的问题。首先，“可视化”管理是高效的管理方法。采用“可视化”管理可使企业实现“扁平化”管理，加强管理人员与职工的直接对话与沟通，职工可直接参与企业的管理，从而调动企业员工的积极性与创造性，提高企业的管理效率。其次，“可视化”管理是实现管理职能的重要手段。管理的职能是“计划、组织、协调、指挥与控制”，通过网络“可视化”，使管理职能迅捷、高效地实现。最后，“可视化”管理是连接作业管理与组织结构管理的桥梁。

7.3 提高煤炭资源回收率的管理体系

提高煤炭资源回收率的管理体系应从组织管理、制度设计、绩效考核等方面进行设计与管理。具体来说，应注重以下几个方面：

7.3.1　成立资源管理小组

小组每月召开一次采出率总结分析会，处理当月回采工作方面存在的问题，每10天向矿的主要领导汇报采面情况，让矿领导掌握第一手资料，为资源的合理开发利用制定正确的决策，使资源的开发利用更为合理，从而保障了管理工作的正常开展。

7.3.2　制定资源管理办法

规定管理人员的职责范围以及对采煤队的奖惩制度，设立资源管理基金，用于奖励在回采工作中做出贡献的个人、有关科室和采煤队。

7.3.3　制定严格的验收制度

由地测队、技术科和调度室三家联合验收采高、浮煤和顶煤放出情况。地测队以定期验收和不定期抽查为主，平均每五天抽查1次；调度室由专职人员每天验收采高、浮煤、放出率；技术科实行不定期检查。从而形成了以地测为主、三家共同抓好资源回收工作的局面。对于出现验收不合格、达不到规定采高、丢浮煤或顶煤放不净的单位，对其发放丢煤通知单和罚款单，在进行月底产量平衡时，对该单位给予产量扣吨处理。

7.3.4　实现煤炭损失的定额管理

煤炭损失定额，即煤矿范围内损失煤炭量与整个动用储量的百分比，是煤炭生产管理中的一项重要经济技术指标，对合理有效地开采煤炭资源，减少资源浪费，提高煤矿生产经济效益有着重要作用。在实行煤炭损失的定额管理时，应重点考虑以下情况：

一是建立以采区回收率（或损失率）为主，工作面回收率为辅的考核体系。我国大部分煤矿都是分区式开采，并且各分区都形成独立的生产运输系统，由于煤柱、大断层煤柱等损失均划归全矿井损失，而这部分损失各地相差悬殊，且无规律性可寻，故无法考核。而采区划分一般都将上述因素剔除在外，并且采区服务年限一般也较长，因而可将采区回收率作为主要考核内容。由于工作面服务年限较短，并且各工作面之间条件相差较大，故工作面回收率可作为辅助考核指标。

二是调整考核内容。为了防止考核出现空子，导致报表失真，应把采区内的各种损失统统归入采区损失，并要及时摊销。同样，工作面内的各种损失也都算作工作面内损失。报表填报时，要将交换图一并报至上级主管部门，以使上级能对照图表，检查有无虚报、假报问题。

三是修改考核标准，取消一刀切指标。应按实际情况，在考虑地质条件、技术水平、设备情况、管理因素等的基础上，制定出适合的损失定额标准。制定的标准要经上级部门批准，并要根据实际的情况及时调整。要逐步做到一个采区一个标准，每 3～5 年一个标准，保证标准既动态变化，又相对稳定。

7.3.5 加强回采工作面的现场管理

在煤矿实际生产过程中，常遇到“乱采滥挖，吃肥丢瘦，取近舍远”的现象，这必然导致煤炭资源的大量丢失。矿井技术管理人员应深入现场统一规划、统一布置回采工作面，合理选择采煤方法和回采顺序。发现不合理的采煤方法和回采顺序，应及时给予纠正；发现不合理的开采损失，应及时填写“丢煤通知书”或用其他管理手段组织现场作业人员及时回收。根据回采的难易程度做好搭配，确保矿井产量稳定；同时应根据顶板破碎情况和压力因素选择支护方式，确保回采面的煤炭资源合理开发利用，实现回采面煤炭采出率的提高，减少不必要的资源浪费。

7.3.6　搞好储量管理工作，完善监督机制

储量管理是监督煤炭资源合理开发的有效措施，长期生产实践证明，要做好储量管理工作，一是建立矿井储量动态监督管理制度，组建储量动态管理小组，将矿井储量变化进行连续记录、备案、统计；二是建立回采面报废的审批制度，对报废原因清查确认，综合分析，根据开采技术条件认为确实无法开采的方可报废；三是储量管理人员深入一线收集第一手资料，掌握储量的数量、质量、分布、损失及变化情况，对资源合理开发，实行业务监督；四是加强“三量”的动态分析，根据采掘工程的进展及时解放呆滞煤量；五是加强煤炭损失的统计与分析，分析开采过程中各个环节造成的煤炭损失原因，采取有效措施，最大限度地减少煤炭损失。

7.3.7　加强放煤工的培训，并使放煤工作专职化

分段、多轮间隔方式操作比较复杂，在放煤量的控制上要求较高。一方面，从理论上为放煤工讲解放煤工艺、煤层垮落机理、单轮顺序放煤、单轮间隔放煤、多轮放煤的具体放煤方式，分析不同的放煤方式对工作面回采率的影响；另一方面，到现场示范指导放煤工如何掌握多轮间隔放煤的尺度，确保顶煤均匀放出。

坚持以放煤工序为中心，规定采煤区队各生产班固定专人放煤，每班设三人，每天必须有两人上班，一律持证上岗，不准空班。放煤工严格按照两刀一放和多轮间隔放煤，不能超放或少放，在放煤完毕后，由放煤工负责拉后部输送机，支架工只能在非放煤位置拉后部输送机。

7.4 提高资源采出率的技术体系

7.4.1 在开采设计阶段,根据实际地质条件,进行科学合理的开采设计

7.4.1.1 深入研究煤层赋存规律,准确进行地质预测,预报煤层赋存情况,为确定开拓方式、采煤方法提供重要依据

地质勘探阶段难以用有限的网点准确控制煤层产状和厚度变化情况。生产中应在勘探阶段提供的地质报告基础上,不断收集新的第一手资料,及时进行综合分析、对比、判断,查明开采区域构造形态特征,煤层在构造中的分布特征和变化规律,具体找出煤层增厚、压薄、倒转规律,测定煤层分叉、尖灭、增厚、压薄、开采技术界线等情况,总结汇总给生产技术部门,从而指导巷道布置设计,防止可采块段丢失或无效探巷、运巷过多。

7.4.1.2 综合分析、合理选择采煤方法

构造复杂矿井煤层赋存形态千变万化,应根据煤层不同的分布特征合理选择相对应的开采方法。山东省煤矿在多年的开采实践中已总结出了一些行之有效的采煤方法,应用比较成熟的有:对顶板较稳定的倾斜或急倾斜煤层采用的中深孔采煤法;对断层多,煤层变化大的急倾斜煤层采用的伪倾斜正台阶采煤法;对急倾斜极不稳定煤层采用的长炮孔爆破采煤法;对于煤层不稳定、煤厚变化大的急倾斜或立槽煤层采用的斜坡采煤法。

7.4.1.3 优化开拓、准备系统设计

构造复杂矿井因受千姿百态的构造形态限制,未揭露的水平或块段煤层赋存状况不明。目前开拓系统和准备巷道布置存在一定的局限或布置不合理,所以无论是新设计还是后续延深,都应因

地制宜地综合考虑，合理设计。首先应深入研究，掌握设计范围内地质构造特征和煤层赋存特点，设计新的采区开拓和准备系统。对于那些已经有前期开拓系统的采区，应在已有开拓、准备系统布局的基础上结合后期地质揭露情况，然后经过相关专业人员分析、对比，选择最佳方案进行设计。实践中应充分考虑以下几个问题：

一是合理制定采区边界，减少构造引起的煤炭损失。利用较大断层压薄带作为相邻两采区的自然边界。

二是合理确定阶段垂高。垂高小，井巷工程量大，直接成本增加，掘进率也高；但若片面考虑生产投入这一因素，阶段垂高过大，工作面斜长内将遇到过多的构造或煤厚的变化，造成部分煤炭无法开采而丢失。特别是顶板破碎，容易冒落的煤层更容易丢失可采块段。

三是设计时应充分考虑合理留设保安煤柱。不能将主要巷道布置在富煤带中，否则大量煤炭便成为呆滞煤柱无法开采；上下区段石门位置在立面上不能偏差过大，否则会增大保安煤柱的范围；以断层为工作面边界时，应确切控制其延展变化，合理布置巷道，减少煤柱损失。

四是适当加大工作面走向长度和工作面长度，减少区段煤柱，减少端头损失及初、末采损失，从而减少采区煤柱损失，提高回采率。

7.4.1.4　开采中可因地制宜适量增加采区巷道

多期次构造运动使煤层挤压成各种形态的褶曲构造，同时煤层产生塑性变形。褶曲的不同部位煤层差别极大，在煤层走向、倾向或斜交方向上经常形成宽窄不一的无规则不可采薄煤带，断距小的断层在勘探阶段难于查清，这时，应根据断层性质及时布置过断层巷道寻找断失块段。实践证明，在构造复杂煤层中适当增加探巷工程量，可增加煤量，虽提高万吨掘进率，但可增加资源采出率。

7.4.2 选择科学合理的综放工艺

7.4.2.1 采用合理的放煤工序

正确的放煤顺序可以使顶煤的放出量最多，混矸量最少，脊背煤损失也更少。该工序主要根据多口放煤理论，坚持多轮、顺序、均匀放煤，矸石含量超过 1/3 时，再关门的原则。主要应注意：

一是实施多轮放煤，当顶煤厚度较大时，垮落的顶煤不要一次放完，分 2～3 次放完。

二是工作面的放煤顺序从一端或中部依次向另一端进行。

三是均匀放煤，在每一轮放煤工序里，控制各支架的一次放出量相近。

7.4.2.2 正确选择采放比

综采工作面的顶煤采出率还与工作面的采放比有关，采放比是指放煤高度和机采高度的比值。如果采放比太大，会造成放煤过程中顶煤的大量丢失，不利于顶煤采出率的提高，应采用分层铺网综放开采。

7.4.2.3 正确选择放煤步距

放煤步距也是影响综放工作面顶煤采出率的一个关键因素，合理地选择放煤步距，对提高煤炭回收率、降低含矸率至关重要。当放煤步距过大或过小时，都会使采空区一部分冒落的顶煤还来不及到达放煤口时，采空区的矸石已进入，按照"见矸就关"的原则，这部分顶煤将被关在放煤口之外。只有当放煤布距合理时，待顶煤全部放完时，顶部矸石和采空区矸石将同时到达放煤口，此时关闭放煤口，煤炭损失最少，顶煤回收率最高，而含矸率也最低。

7.4.2.4 正确选择支架放煤口的高度

支架放煤口高度与回采率有直接关系，根据直接顶厚度、矸石充填采空区程度来确定放煤口的放煤高度。

7.4.2.5 采用正确的放煤顺序

放煤口边缘造成的放煤死角与放煤顺序有较大的影响，采用多轮、顺序、均匀放煤或单轮、间隔折返、顺序、均匀放煤，对减少放煤死角，减少丢煤有一定的积极作用。

7.4.2.6 减少生产过程中的损失

一是减少初采损失。在综采放顶煤中，初采损失不可避免，虽然损失量不大，但也应减少其损失量。减少初采损失比较有效的办法是切顶巷技术。切顶巷技术是采用减小初采期间顶煤的垮落步距来提高回采率。其方法是在工作面开采前，在切眼外上侧沿顶板掘进一条与开切眼平行的辅助巷道(即切顶巷)，并在巷道的一帮打眼放炮，以缩小工作面的初次垮落步距，及早实现放顶煤。

二是在条件允许的情况下，采取措施，在末采时尽可能多放煤。末采时尽可能在合理位置停放，减少末采时不放煤造成的损失量。

三是解决端头放煤。首先必须合理选择端头支架；其次要加强工作面两端头支护，在确保安全的情况下，将采面的支架尽量延长到材料道、溜子道的机尾，同时要把机尾靠到材料道的上帮和溜子道的下帮，使过渡支架安装在顺槽中，尽最大可能将工作面两端头顶煤放下来。工作面上下两道掘进时，应严格沿底板掘进，不得丢底煤，并加强采面浮煤的清理工作。

四是改善煤体原始特性，提高冒放性。放顶煤开采相关理论及现场实践表明，煤层普氏硬度系数在 2 以下时，顶煤可以依靠矿压作用自行垮落；在 2 以上时，需要采取人工辅助手段措施，以改善顶煤的冒落状态和冒落块度，常用的办法是超前爆破松动结合注水弱化。超前爆破松动可以在工作面顶煤中沿顶板掘进两条平行煤巷，在巷内钻进平行于采面的深孔，在工作面支撑压力前方利用深孔实施顶煤预爆破。采用注水软化顶煤时，可在顶煤中开掘注水专用巷道，向两侧顶煤中注水钻机钻进，也可利用工作面两巷注水钻孔。

7.4.3 合理选择综放回采工作面设备

综放工作面影响顶煤采出率的设备主要是工作面液压支架。综放面顶板结构与支架围岩关系一直是学术界和工程界长期争论的课题。一种观点认为，放顶煤一次采出厚度大了，顶板压力必然增大，因此有些厂家设计出大吨位支架，但这些支架在有些采场出现了钻底、钻顶及歪架现象，直接影响了矿井的效益；另一种观点认为，放顶煤采场冒落矸石厚度大，顶板压力被缓冲了，压力变小了，因此有些矿井选用了吨位较小的支架，结果出现了立柱压爆、油缸变形的严重事故。因此放顶煤采场压力已成为综放支架设计和选型的首要问题。通过试验和理论研究表明，放煤支架的架型和工作阻力仅对下位2m左右的顶煤破碎有显著影响。长顶梁放煤支架移架次数多，移架过程中支架破碎顶煤效果强，可加速顶煤冒落。结合多年放顶煤开采实际，确定ZFS5200/17/33型放顶煤支架作为枣庄矿区放顶煤开采主要架型。该支架属于低位放顶煤支架，放煤口较低，支架放煤率高，放出空间大。同时在实际生产过程中，对支架的选择应注意以下几点：

一是端头支架、排头支架。由于端头设备布置集中，顶板须加强支护，端头放煤会给端头的顶板管理带来困难。现在端头支架的尾部采用掩护式，即尾部用钢板将后部输送机、转载机尾与老塘顶煤隔开。要想进行端头放煤，就必须处理好放煤与顶板支护的矛盾。通过现场观测，使用收摆尾梁式低位放顶煤端头支架，顶煤运移到端头支架尾梁尾部落地时，再将其放入转载机尾部运走。由于顶煤落地时被回收，故对顶板支护的负面影响较小。采用这种端头支架，既可以保证两端头的支护质量，又可以将运输巷内的顶煤部分回收。

二是中间支架。对于低位放煤支架来说，由于放煤口位置低，接近底板，放煤支架上方空间大，为顶煤的破碎提供了良好条件，顶煤可以充分松散破碎，不存在放煤口造成的顶煤丢失。同时，低位放煤支架放煤口与支架同宽，无高、中位支架存在的脊背煤损失。因此，提高顶煤采出率，应该首先选择双输送机低位放煤支架。

7.4.4　矿长领导下的安全管理体系

该安全管理体系包括以下四个子管理体系：领导安全管理保证体系、安全生产责任制保证体系、安全监督监察保证体系与安全评估和信息反馈保证体系。其基本内容如下：

7.4.4.1　领导安全管理保证体系

在矿长领导下建立以生产副矿长为主的安全生产管理保障系统；以总工程师为主的安全技术管理保障系统；以安监处长为主的安监人员的安全监督监察保障系统。三大系统各负其责，协作共管。安全生产管理保障系统对生产过程中的按章指挥、按章作业、各项安全技术措施的现场实施负责；安全技术管理保障系统对生产过程中安全技术的正确性、可行性、安全技术措施的指导落实负责；安全监督监察保障系统对生产过程中安全生产、技术措施监督落实负责。通过领导安全管理保证体系的有效运作，保证各项制度的落实到位，保证安全管理的连续性、持续性、主动性、超前性，形成规范的安全管理和监督网络，保证安全生产。

7.4.4.2　安全生产责任制保证体系

在该体系中明确规定生产、技术、监督监察各级人员的安全保障职责，从矿长到具体施工人员、从总工程师到技术员以及从安监处长到安监员的岗位安全职责。通过安全保障职责的落实，充分发挥各级人员的岗位安全作用，保证安全生产。

7.4.4.3　安全监督监察保证体系

该体系明确规定安全监督监察人员的管理考核办法和职责范围以及对安监员的评比考核和安全联责办法，通过管理规定和考核办法的落实，充分发挥安监人员的现场动态监督监察作用，把守关卡，堵塞漏洞，制止违章作业和消除事故隐患，保证安全生产。

7.4.4.4　安全评估和信息反馈保证体系

该体系明确规定现场安全评估和安全信息运行的方式、方法及考核办法，通过安监员对施工现场的动态安全评估和各级管理人员现场检查隐患的信息反馈，摸清现场存在的隐患项目，从而对动态隐患进行控制整改，达到保证安全生产的目的。

7.4.5　党委书记领导下的安全宣传教育和群众监督体系

该体系包括规章制度保证体系和安全教育培训保证体系，其内容如下：

7.4.5.1　规章制度保证体系

在该体系中明确规定各级人员在安全管理中必须遵守的规定和考核办法，奖惩分明，有章可循，通过规章制度规范人的行为，促进管理与考核的严密性和可操作性，保证安全生产。施行安全生产奖罚制度，实行年度、季度、月度安全风险抵押金交纳规定，全矿所有井下生产人员、井下各专业管理人员及井下有关岗位人员，井上生产岗位有关人员，每人交纳一定数额的安全风险抵押金。交纳办法为按规定的标准统一作表，一式四联，交财务部、人力资源部、安监处各一份，工区保留一份，并分别给出全矿、单位及专业、个人的受奖条件、奖励标准和处罚标准。表 7-1 列出了各级管理（专业）人员的各项指标表。

表 7-1　　各级管理（专业）人员的各项指标

序号	岗位	下井次数	制止三违	中、夜班次数	盯岗 8 小时
1	矿长、党委书记	8	3	/	/
2	各生产副矿长、安检处长	12	3	/	/

续表

序号	岗位	下井次数	制止三违	中、夜班次数	盯岗8小时
3	副书记、工会主席、后勤矿长、纪委书记、总经济师	4	3	/	/
4	总工程师	10	3	/	/
5	生产各副总、安检处主任工程师、各生产部室正主任	12	4	3	/
6	各生产部室副主任、安检处副处长（支书）及专业工程技术人员	16	4	5	3
7	人力资源部、信息管理部正、副主任，经管部正、副主任及工程技术人员，煤销部分管理人员，生产部分设计人员	10	2	4	2
8	机电运输部井下检查人员、质量验收员、矿压观测员	20	4	5	3
9	调度室调度员	15	3	/	15
10	井下电讯、修理厂井下维修、测量人员，经管部下管人员	15	/	/	/
11	安检员	21	8/6	/	21
12	安全纪律检查小分队	6	3	3	/
13	回采、掘进、修备、搬运、机电、通防、安装工区区长、技术人员	16	4	4	6
14	回采、掘进、修备、搬运、机电、通防、安装工区支部书记	18	4	4	10
15	回采、掘进、修备、搬运、机电、通防、安装工区副区长、车间工会主席	20	4	/	20
16	运转工区区长、支书	10	4	3	2
17	运转工区副区长、工会主席、技术员	12	4	4	3

7.4.5.2　安全教育培训保证体系

在该体系中规定职工岗前教育培训、在岗教育培训和严重违章作业人员的安全教育实施办法。通过实施对职工的安全教育培训，使职工具备安全生产的业务素质和按章作业的技能，在施工中主动按章作业，消除违章现象，起到保证安全的目的。如岗前教育包括不少于三个月的安全技术知识培训和有关规章制度的学习教育，考核合格后方可上岗。从事井下作业、必须在有经验的职工(签订师徒合同)带领下工作满四个月。转岗要参加不少于7天的转岗培训，并经考核合格后方准上岗。特殊作业工种、安全技术工种必须经培训考核，取得合格证后方准上岗。

7.5　基于网络技术的可视化协调体系

煤矿企业具有地域分散、工程环节多、安全工作的涵盖面广、信息量大(信息收集频度高)、信息源多样(监测系统、人工巡查等)的特点，这意味着信息的管理难度比较大，而实施高效管理的调控依据就是全面、准确、快速的信息，因而对信息的收集、分析便成为整个管理工作的核心。通畅、准确、有效的信息流是管理体系运转的必要条件，而有效的信息管理手段是信息流通畅的保证。

煤炭企业资源管理信息系统为规范资源管理工作、优化管理流程、提高效率提供了强有力的现代手段和支撑平台，从而与企业管理实践相结合，规划、跟踪、控制企业资源管理工作整个过程，达到有效控制煤炭资源损失目的。通过网络化的资源管理信息系统，可提供面向生产现场生产信息管理的集成化信息平台，各级管理者可以随时多角度看到全面、准确的各类生产信息，可对应到不同的时间、生产单位、区队、工程，便于管理者及时发现问题进行决策，发现薄弱环节，为管理者确定下一步生产工作不断优化的重点和导向提供依据，促进生产工作的提高与改善。

7.5.1　加强网络基础设施建设，构建“数字化煤矿”

基于可视化技术的安全生产管理体系的建设是以煤矿的数字化为基础的，因此必须首先加大对煤矿网络建设的基础性投入，建立与完善煤矿的网络系统，建立安全管理信息系统。通过网络化，构建一个操作平台，使煤矿的各个生产环节与管理环节相互沟通，同时在矿井安全管理与监控系统的基础上，运用先进的地理信息技术(WEBGIS)、数据库技术等技术，集矿井远程实时监测监控、分析计算、督办调度和办公管理于一体，实现对煤矿安全生产的多级监控，进而把矿井的实时安全监测、通风瓦斯系统、采掘跟踪、隐患监查、调度指挥管理等功能子系统有力地结合在一起，从而打造出以安全生产信息为基础的“数字化煤矿”。

7.5.2　建立“煤矿安全生产远程监控系统”

“煤矿安全生产远程监控系统”由煤矿各级管理部门使用，通过“煤矿安全生产远程监控系统”，煤矿各级管理部门足不出户，就可以通过监控系统中各种实时传输上来的信息数据监控全局，了解煤矿的安全生产情况，有效提高监管部门的工作效率；同时，通过实时监管，还可以建立起从上到下、从部分到整体、从局部到全部的一套完整的安全体系，再结合实时的信息数据传输系统，从而架构起实时的安全预警平台，把安全事故扼杀于摇篮中，防患于未然；此外，通过这套系统，煤矿管理部门还可以提高监管力度，明确安全责任，开展明察、暗访等方式的安全检查，切实做到“责任到人”。

7.5.3　建立“煤矿企业资源管理系统”

“煤矿企业资源管理系统”由煤矿企业直接使用，主要用于企业自身的资源管理，配合安全生产管理部门监管。同时还可以把企业的生产调度管理、计划管理、物资采购管理、煤炭运销管理、财务管理、专项资金与项目管理、设备与固定资产管理，以及电子商务、档案、人力资源、办公自动化等集成到一个统一的系统平台上来管理，从而提高煤炭企业的信息化、电子化的管理能力，增强企业的凝聚力和竞争力。整个煤矿资源管理系统主要由煤矿基本信息管理系统、矿井安全生产监测系统、资源回收分析系统、生产技术系统、决策支持系统等几大子系统构成。

7.5.3.1　煤矿基本信息系统

煤矿基本信息管理子系统中包括辖区内各个煤矿企业的基本信息，以及各个矿井的基本信息，这些信息统一由地理信息系统WebGIS来触发；在辖区地图上可以显示区内全部下属煤炭企业，通过点击目标属性查询的方式即可调阅各个企业及其下属矿井的基本信息，并可对矿产资源进行统计，将产量、存储量和枯竭期以饼图的形式集中显示。同时，在辖区行政区划图上，每个矿井的安全状况都能实时显示，正常情况下矿井符号不亮，而出现瓦斯报警与其他隐患的报警的矿井则会自动以其他颜色显示，并在有报警发生后发出声音提示或将该页面直接切换到矿井所在页面，供管理部门对该矿井所在企业一段时间内的安全隐患进行统计和查询。

7.5.3.2　矿井安全生产监测系统

矿井安全生产监测子系统应包括矿井安全实时监测、通风瓦斯系统、采掘跟踪、隐患监查等功能模块。在矿井中通过传感器实时采集到的瓦斯、主扇开停、副扇开停等数据指标，会随时在PC上全屏滚动显示。

通风瓦斯系统：通风瓦斯系统可以对辖区内所有矿井的瓦斯情况进行实时监控，以报表的形式显示每个瓦斯探头的工作状态，对异常情况进行报警。同时通过对异常数据的分析，结合煤层情况及历史和近期的瓦斯状况，圈定重点监控区域，将设定的重点区域的瓦斯监测状况动态实时显示。同时监测矿井中各个风机的工作状态，保证瓦斯气体的正常疏散。

采掘跟踪：根据上报的采掘进尺数据，生成最新的采掘现状图，将采掘现状的剖面图与煤层分布图叠加显示对比分析，判断是否有越层越界的情况或趋势。随之在这两个图种对比结果的基础上进行防越层作业规划，对于发生越层的位置或有越层趋势的位置进行标注，生成专题图，并对所在企业发出越层越界警告。

隐患监察：在巷道分布图上，根据设备分布和采掘进展设定常规隐患巡查路线、巡查手段方法，客户端可以在线将发现的隐患情况标注上报。管理层系统通过挂接现场图片或三维模拟效果图，对全局隐患、企业隐患、矿井隐患分别进行显示，并可根据隐患类型或矿井、企业名称分别查询，形成隐患专题图。同时，根据隐患的类型、严重性、分布区域可以进行隐患的统计，统计结果以饼图的形式在地图上显示，便于根据隐患巡查的结果，提供相应的解决方案。

7.5.3.3　资源回收分析系统

该系统针对企业煤炭资源的回收情况，建立资源回收的基本数据库，根据基本数据库，建立分析模型库，通过结果分析查找其主要影响因素，为决策提供依据。

7.5.3.4　生产技术系统

该系统主要包括基本生产技术的适用条件、主要优缺点分析、高效生产分析、改进及发展方向分析。

7.5.3.5　决策支持系统

在基本数据库建设的基础上，利用模型库、系统优化分析方法，为决策层提供科学的决策基础。

参考文献

[1]王家臣:《厚煤层开采理论与技术》,冶金工业出版社 2009 年版。

[2]来存良:《厚煤层高产高效开采实用技术》,煤炭工业出版社 2001 年版。

[3]肖海涛、王家臣:《综采放顶煤的发展与创新》,中国矿业大学出版社 2005 年版。

[4]王刚:《采矿工程》,中国劳动出版社 1990 年版。

[5]徐永圻:《煤矿开采学》,中国矿业大学出版社 1999 年版。

[6]丁安民:《煤炭储量计算方法的理论适用性研究》,载《淮南矿业学院学报》1998 年第 18 期。

[7]汪云甲:《煤炭储量管理中若干概念及计算公式的商榷》,载《辽宁工程技术大学学报》(自然科学版)1998 年第 17 期。

[8]祁春燕、张海荣、邱国庆:《煤炭储量分级的不确定性及其度量》,载《测绘科学》2011 年第 6 期。

[9]张鹏鹏、毛善君:《基于 GIS 的煤炭储量管理信息系统的设计与实现》,载《煤炭科学技术》2009 年第 7 期。

[10]温秀芬:《煤炭储量动态监测管理及数字化实现研究》,载《山西煤炭》2012 年第 32 期。

[11] Dennis Meadows et. al. , The Limits to Growth, 1972.

[12] Luoxia, The United States coal safety management,

Safety and disaster prevention in U. S., 2010,(3): 59-62.

[13] Rohrbacher T. J., the research on Coal resources recycling methods, 1993:1-5.

[14] A. TC. Goh., Back-Propagation neural network for modeling complexsystems, *Artificial Intelligence in Engineering*, 1995, (9):143-151.

[15]李堂军:《矿区可持续发展动态适应性分析与对策》,中国矿业大学硕士学位论文,2000 年。

[16]孙承爱、李堂军、顾洪利:《煤炭矿区可持续发展能力动态仿真系统研究》,载《计算机仿真》2001 年第 18 期。

[17]王新华、李堂军、丁黎黎:《复杂大系统评价理论与技术》,山东大学出版社 2010 年版。

[18] Jacques de Villiers and Etienne Barnard, Back propagation Neural Nets with One and Two Hidden Layers, *IEEE TRANSACTION ON NEURAL NETWORKS*, 1992,4(1).

[19] Sun Zengqi, Deng Zhidong, A fuzzy neural network and its application to controls, *Artificial Intelligence in Engineering*, 1996,(10):311-315.

[20] PAUL. J. WERBOS, Maximizing Long-Term Gas Industry Profits in Two Minutes in Lotus Using Neural Network Methods, *IEEE TRANSACTION ONSYSTEMS, MAN, AND CYBERNETICS*, 1989,19(2):67-73.

[21] Narayan Srinivasa, Learning and Generalization of Noisy Mappings Using a Modified PPOBART Neural Network, *IEEE TRANSACTIONS ON SIGNALPROCESSING*, 1997, 45(10):120-129.

[22] M. G. Wagner, G. A. Montague & M. T. Tham, Neural networks for steady state modeling of an extruder, *Artificial*

Intelligence in Engineering, 1997, (11):375-382.

[23]GEOK SEE NG, HAK CHUAH SIM, Recognition of Partially Occluded Objects with Back Propagation Neural Network, *International Journal of Pattern Recognition and Artificial Intelligence*, 1998,12(5):645-660.

[24]宁超、段守军:《煤炭资源评价中的模糊灰色理论方法》,载《河南理工大学学报》(自然科学版)2011 年第 30 期。

[25]刘永兴等:《模糊综合评价法在煤炭回采率评价中的应用》,载《煤矿安全》2008 年第 4 期。

[26]牛军强、姚彤宝、罗东海:《层次分析法在新疆卡姆斯特煤矿区煤炭资源评价中的应用》,载《中国煤炭地质》2011 年第 7 期。

[27]汪云甲等:《矿山煤炭资源评价与管理信息系统的开发与应用》,载《测绘通报》2002 年第 6 期。

[28]徐宏杰等:《贵州省煤炭资源优度评价》,载《煤田地质与勘探》2009 年第 37 期。

[29]田保安:《安泽矿区煤炭资源评价和开发前景》,载《煤炭工程》2006 年第 11 期。

[30]叶根喜等:《边角煤高回收率高效开采工艺设计与优化》,载《北京科技大学学报》2007 年第 29 期。

[31]刘学成:《放顶煤开采顶煤放出率的影响因素分析及提高回采率措施》,载《甘肃科技》2008 年第 2 期。

[32]石延国、崔松竹:《厚煤层综采放顶煤开采经验》,载《煤炭工程》2007 年第 3 期。

[33]李宝安:《回采率的计算及提高回采率的途径》,载《煤炭技术》2005 年第 6 期。

[34]常正宏:《回采三角煤的几个关键技术问题》,载《煤》2008 年第 3 期。

[35]李松营、侯相云、翟大兴:《巨厚煤层综放工作面提高回采

率实践》,载《能源技术与管理》2007 年第 6 期。

[36]郭好杰、徐书谦:《提高煤矿资源回收率的途径》,载《煤炭技术》2008 年第 27 期。

[37]王容生:《提高煤炭资源回采率的方法》,载《内蒙古科技与经济》2007 年第 2 期。

[38]林西:《提高综放工作面回采率的几点做法》,载《煤矿开采》1997 年第 1 期。

[39]孙洪江:《提高综放工作面回采率的技术途径》,载《煤炭工程师》1997 年第 5 期。

[40]王利京、李五强、赵庆:《提高综放回采率的途径》,载《煤炭工程》2008 年第 2 期。

[41]张学祥、宗伟琴:《综放工作面顶煤损失及回采率的计算》,载《西北煤炭》2007 年第 9 期。

[42]鲁世状:《综放工作面煤炭损失分析及提高回采率的方法探讨》,载《西部探矿工程》2004 年第 5 期。

[42]贾光胜、王战洲:《综放开采顶煤损失及提高回采率途径研究》,载《煤矿开采》2000 年第 4 期。

[44]杨永辰、王同杰、刘富明:《综放面顶煤回收率试验研究及提高回采率的途径》,载《煤炭工程》2002 年第 8 期。

[45]张先尘等:《中国采煤学》,煤炭工业出版社 2003 年版。

[46]王军:《可持续发展》,中国发展出版社 1997 年版。

[47]牛文元:《持续发展导论》,科学出版社 1994 年版。

[48]杨家栋、秦兴方:《可持续消费引论》,中国经济出版社 2000 年版。

[49]曲福田:《可持续发展的理论与政策选择》,中国经济出版社 1999 年版。

[50]钱学森、于景元、戴汝为:《一个科学新领域——开放复杂巨系统及其方法论》,载《自然杂志》1990 年第 13 期。

[51]王其藩:《复杂大系统综合动态分析与模型体系》,载《管理科学学报》1999 年第 6 期。

[52]李新春、孙艳:《综合人工智能优化矿业工程复杂大系统》,载《系统工程学报》2002 年第 8 期。

[53]宋学锋:《复杂性、复杂系统与复杂性科学》,载《中国科学基金》2003 年。

[54]陈平:《文明分岔、经济混沌和演化经济学》,经济科学出版社 2000 年版。

[55]王正中:《复杂系统仿真方法及应用》,载《计算机仿真》2001 年第 18 期。

[56]苗东升:《复杂性研究的现状与展望》,载《系统辩证学学报》2001 年第 9 期。

[57]成思危:《试论科学的融合》,载《自然辩证法研究》1998 年第 1 期。

[58]成思危:《管理科学的现状与展望》,载《管理科学学报》1998 年第 1 期。

[59]李增学:《煤矿地质学》,煤炭工业出版社 2008 年版。

[60]杨家本:《系统工程概论》,武汉理工大学出版社 2002 年版。

[61]刘金辉、冯陈雷、李堂军:《矿井回采工作面安全水平评价指标体系与方法研究》,载《中国矿业》2006 年第 15 期。

[62]刘金辉、赵之合、牟国礼:《综放工作面采动剧烈动压沿空巷道支护技术研究与应用》,载《矿冶工程》2010 年第 30 期。

[63]李堂军、张立梅、尹晓:《三山岛金矿采充动态平衡模型研究》,载《矿业研究与开发》2015 年第 35 期。